灵巧钩针女装

● 阿瑛 朱娟 编著

CROCHET
HOOK

人民邮电出版社
北京

图书在版编目（CIP）数据

灵巧钩针女装 / 阿瑛，朱娟编著. -- 北京：人民
邮电出版社，2018.10
ISBN 978-7-115-48687-5

Ⅰ．①灵… Ⅱ．①阿… ②朱… Ⅲ．①女服－毛衣－
钩针－编织－图集 Ⅳ．①TS935.521-64

中国版本图书馆CIP数据核字(2018)第135474号

内 容 提 要

　　本书包含了背心、坎肩、马甲、罩衫等30余款女装钩织衫的编织方式，汇集春、夏钩针女装的新颖款式，色彩丰富，易搭实穿。每款作品均配以各角度的实物上身效果图、文字介绍以及条理清晰的编织方法解析，要点突出、步骤清晰。在体验视觉美感的同时，也为广大编织爱好者提供了丰富的编织知识。

　　本书案例丰富，难度系数适中，适合手工编织爱好者及相关从业人员参考使用。

　◆　编　著　阿　瑛　朱　娟
　　　　责任编辑　王雅倩
　　　　责任印制　陈　犇

　◆　人民邮电出版社出版发行　北京市丰台区成寿寺路 11 号
　　　邮编　100164　电子邮件　315@ptpress.com.cn
　　　网址　http://www.ptpress.com.cn
　　　河北画中画印刷科技有限公司印刷

　◆　开本：700×1000　1/16
　　　印张：10　　　　　　　　　　2018 年 10 月第 1 版
　　　字数：273 千字　　　　　　　2018 年 10 月河北第 1 次印刷

定价：35.00 元
读者服务热线：(010)81055296　印装质量热线：(010)81055316
反盗版热线：(010)81055315
广告经营许可证：京东工商广登字 20170147 号

　　编织是生活的智慧，我喜欢编织时万物俱静的感觉，享受编织时内心的宁静，同时编织还可以让人变得更优雅。

　　朱娟，湖南省张家界人，国家二级心理咨询师。

　　受母亲影响从小就对编织有着极大的兴趣，现在，编织已成为她生活中的一部分。抱着对编织的热情，曾多次参加各类编织大赛，并获嘉奖：2005年，在"乐织手工编织大赛"中荣获作品优秀奖；2009年，在"手工坊编织创意大赛"中荣获优胜奖；2012年，在"手工坊原创作品大赛"中荣获十佳原创作品奖。

　　2010年初开始在网络上发表原创作品。2014年加入阿瑛手工坊制图与款式设计教学团队，并培养出一批批优秀学员。2018年与阿瑛老师合作出版个人作品专辑《灵巧钩针女装》。

目 录
Contents

格子无袖长外套

红衣过膝，衬托出皮肤的白皙；
方格交叠，点点镂空显得活泼可爱；
穿着它上街，气质非凡。

编织方法见81页

粉色花轮半袖罩衣

粉色的花瓣团团围绕，
镂空的四角组合好似四叶草一般；
宽大的袖口，
收紧的下摆；
看起来乖巧可人。

编织方法见83页

毛绒镂空外套

柔软的毛绒线材,
勾勒出微微内扣的边缘;
镂空间的花纹,
是花与花的组合,
少女感油然而生。

编织方法见85页

款式 4

针织裙

宽大的袖口搭配贴身的上半部分，
凸显出玲珑的曲线；
A字形下摆，
呈波浪状展开；
彩色线条的变换，
穿上后仿若精灵。

编织方法见87页

气质翻领长款外套

衬衫状的衣领，
规规矩矩的缘编织，
长至肘关节的袖子；
看似寻常的款式，
实则很有气质且百搭。

编织方法见89页

米色一字领罩衣

淡雅的颜色，
长长的下摆，
是复古款的经典，
也是小清新的心头好；
钩织的花样，
带着些田园风采，
格调十足。

编织方法见91页

小香风钩针外套

经典的香奈儿风格，
以钩织的方式呈现；
条纹中就可见，
它的高贵优雅。

编织方法见93页

花边袖口镂空外套

袖子其实是没有的,
但花边恰好修饰了手臂;
衣服的花纹变化很少,
但板型又恰好修饰了身材。

编织方法见95页

段染扇纹披肩外套

大气的纹理似扇，
斜挂处显出优雅；
渐变的颜色衬出妖娆，
变幻着，
婀娜着；
这不仅是披肩，还是一件多用途外套。

编织方法见98页

日式大Ｖ领优雅罩衣

白灰蓝绿间是线条的优雅交织，
大V领透露出女性的自信；
层层点点，
娇媚多姿。

编织方法见100页

绿意段染长袖罩衣

充满活力的绿色层层递进，
段染的线材舒适贴身；
毫无束缚感的圆领设计，
衬着锁骨的线条显出一丝娇媚。

编织方法见103页

段染镂空花漾上衣

层层叠叠的钩编搭配，
浓淡相宜的配色叠加，
有如捕梦的网，
在微风中摇曳。

编织方法见105页

款式13

一字领蝙蝠袖短衫

沉稳的咖色线材，
知性的一字领，
略带甜美的蝙蝠袖，
再衬以一朵立体花，
简洁雅致。

编织方法见107页

款式 14

段染气质小背心

段染的高级灰，
两侧微微开叉的下摆，
简约而又不失端庄。

编织方法见109页

款式 15

拼接吊带小背心

疏与密的交织，
线条与花纹的碰撞，
妖娆却不失可爱与活泼。

编织方法见111页

芽白叶片短罩衫

叶片拼合之间，
纹理清晰自然；
边缘的叶状纹样，
优雅中带着俏皮。

编织方法见113页

花格拼接开衫

一面花朵，
一面网格；
一面是灿烂花漾，
另一面是格子情怀，
青春气息洋溢。

编织方法见114页

镂空印花开衫

一片式的镂空设计，
背部重瓣花朵的组合，
配合长袖设计，
优雅而矜持。

编织方法见116页

荷叶边半身短袖

线条钩织出整体，
荷叶边作为点缀；
整齐中透露出俏皮感。

编织方法见118页

款式 20

圆形钩花无袖外套

柔软的白色线材，
轻盈的线条感，
镂空的设计，
大面积的花纹装饰，
显得韵味十足。

编织方法见120页

小雏菊长袖开衫

菊纹花样的钩织，
充满少女感；
搭配着喇叭状袖口，
时尚气息十足。

编织方法见122页

格桑花套头衫

传统的格桑花纹样钩织，
修身处凸显身材；
镂空若隐若现，
女人味十足。

编织方法见124页

款式 23

粉嫩小贝壳背心

贝壳纹样乖乖地排成排，
点缀在线材钩织成的网中，
后背的大领口设计使背部半现，
温婉中不失前卫。

编织方法见126页

款式 24

枫叶纹长袖外套

全身镂空格子的设计，
前后纹样却有不同；
前襟似枫叶飞舞，
身后似网格迷宫，
整体清新活泼。

编织方法见128页

花叶边网纹短外套

以细线条为连接，
呈现花瓣飞舞的景象；
花状的边缘，
显得格外浪漫。

编织方法见130页

款式 26

粉色流苏长袖外套

不经意的花纹，
似雪花点点；
长长的系带上坠着花朵，
分外可爱；
衣边的流苏，
满满的乖巧感。

编织方法见132页

如意马甲短开衫

鱼戏莲叶间,
动感中不失俏皮;
短开衫的设计,
显得十分干练、精致。

编织方法见134页

太阳花珍珠外套

太阳花的意象是有温度的，
衬着珍珠微寒的触感，
二者相得益彰。

编织方法见136页

三叶草无袖开衫

规矩的镂空花样，
搭配背面的三角镂空；
似三叶草的花纹打破了条框，
俏皮可爱。

编织方法见138页

条纹格调马甲

衣领的横向条纹自然甜美，
竖向条纹修身而又凸显出气质，
二者互相协调，
优雅得体。

编织方法见140页

蝙蝠袖花样开衫

宽大的袖口，
有趣的钩边，
镂空的花纹，
每一样都足以吸引眼球。

编织方法见142页

蓝雏菊长袖外套

长袖翩翩,
花开灿烂;
花与花之间钩织出美感,
蔓延至下摆的花朵纹样;
让忧郁的蓝色也跟着明朗起来。

编织方法见144页

款式 33

密织条纹短外套

针针不同，
行行相衬；
粗看时不出彩，
但细节处的精致使人心生好感。

编织方法见146页

淡蓝无袖开衫

开合之间，
肩带与领口，
加上直状密织，
无疑是可爱风的代表。

编织方法见148页

V领花朵短外搭

花朵的灿烂，
镂空设计的连接，
体现出庄重与严谨；
V领和花瓣状边缘相衬，
彰显气质。

编织方法见150页

款式 36

绿色荷叶袖罩衣

花纹粗看似叶片，
衬着绿色显得生机勃勃；
细看又似爱心，
温柔可爱；
袖口与下摆的小心机更觉俏皮。

编织方法见152页

黑色球球镂空罩衣

黑色本是沉稳的颜色，
在这里却显现出活泼的一面；
袖口坠着的球球显得童真乖巧，
衣边荡漾的波纹更是甜美可爱。

编织方法见154页

琵琶流苏短外搭

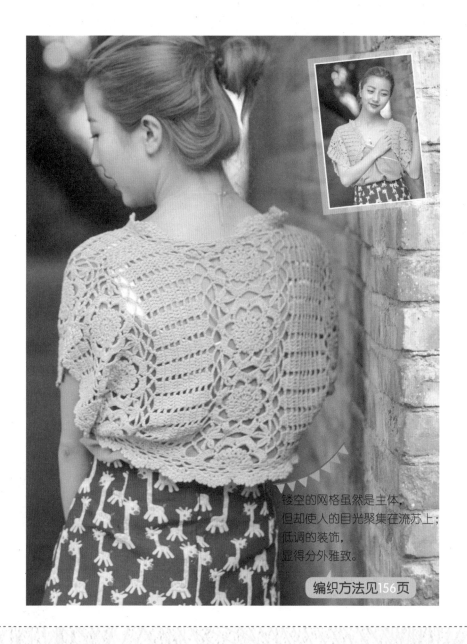

镂空的网格虽然是主体，
但却使人的目光聚集在流苏上；
低调的装饰，
显得分外雅致。

编织方法见156页

① 格子无袖长外套

材料：e流线素色流年大红色600g
工具：3.0mm钩针

成品尺寸：衣长70cm、胸围117cm、背肩宽51cm
编织密度：参照花样编织图

编织要点

前、后身片钩法参照前、后身片结构图编织，肩部、衣身两侧用短针缝合，沿整衣外围挑针钩3行短针缘编织结束，衣服特点是前、后可以变换着穿。

结构图

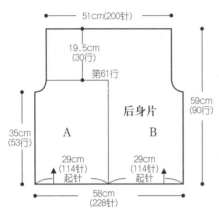

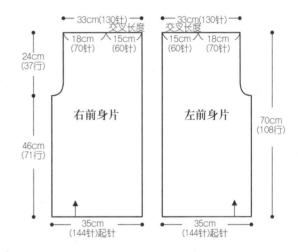

* 先编织A部分，114针起针，编织60行后断线，再编织B部分。114针起针，编织到61行与A部分相连，再一起往上编织30行结束。

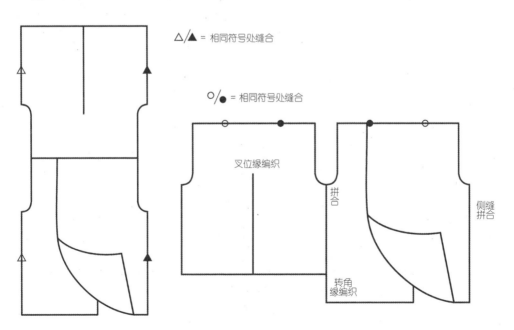

△/▲ = 相同符号处缝合

○/● = 相同符号处缝合

衣身花样编织

袖窿花样编织
前、后身片相同

缘编织

叉位缘编织
后身片中心

转角缘编织

衣片下摆的衣角

符号说明：
○ = 锁针　　　+ = 短针
↑ = 长针　　　↑ = 长长针
∧ = 短针2针并1针

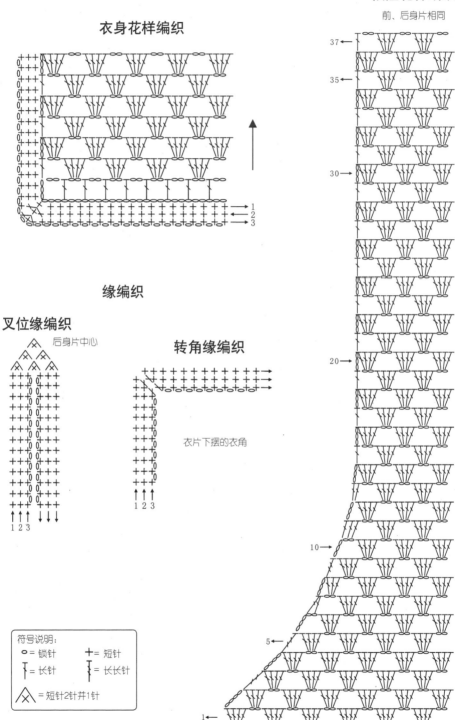

2 粉色花轮半袖罩衣

材料： e流线心语芊尘粉色500g　　**成品尺寸：** 衣长47.5cm、胸围80cm、肩袖长22.6cm

工具： 2.0mm钩针　　**编织密度：** 中心花样A 8cm×8cm/花样

编织要点

按照图解钩织花样，领口由12枚中心花样A拼接成圈，第2圈开始边拼接边加中心花样A，钩到第5圈开始分袖片和前、后身片，前、后身片各5枚中心花样A，袖片各6枚中心花样A，前、后身片连接起来继续圈钩作为下摆，接着，在下摆中心花样A底边补齐10枚中心花样B后，挑280针圈织成双罗纹针，最后，领口补齐4枚中心花样A和6枚中心花样B，再钩领口袖口缘编织。结束。

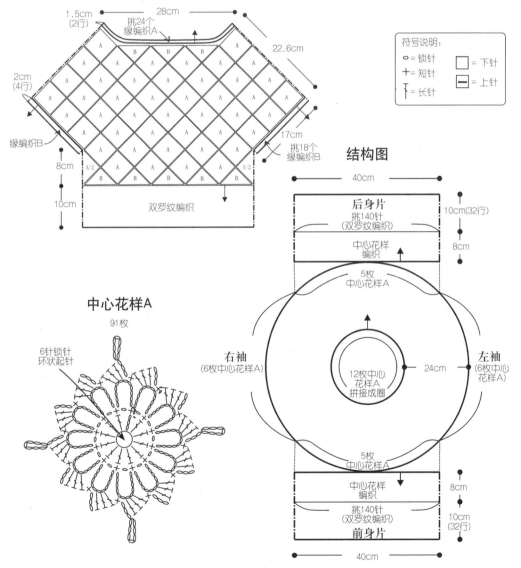

花片拼接示意图

1.5cm (2行)

挑24个缘编织A

28cm

22.6cm

2cm (4行)

缘编织B

8cm

10cm

17cm

挑18个缘编织B

双罗纹编织

A/2

符号说明：

○ = 锁针　　□ = 下针

十 = 短针　　— = 上针

↑ = 长针

中心花样A

91枚

6针锁针环状起针

结构图

40cm

后身片

挑140针（双罗纹编织）

中心花样编织

10cm(32行)

8cm

5枚中心花样A

右袖 (6枚中心花样A)

12枚中心花样A拼接成圈

24cm

左袖 (6枚中心花样A)

5枚中心花样A

中心花样编织

挑140针（双罗纹编织）

前身片

8cm

10cm (32行)

40cm

中心花样B
16枚

6针锁针
环状起针

后身片花样拼接方法
袖片中心
后身片中心
缘编织A
2
1

袖口

缘编织B

与前身片花样连接

1
10
20
32

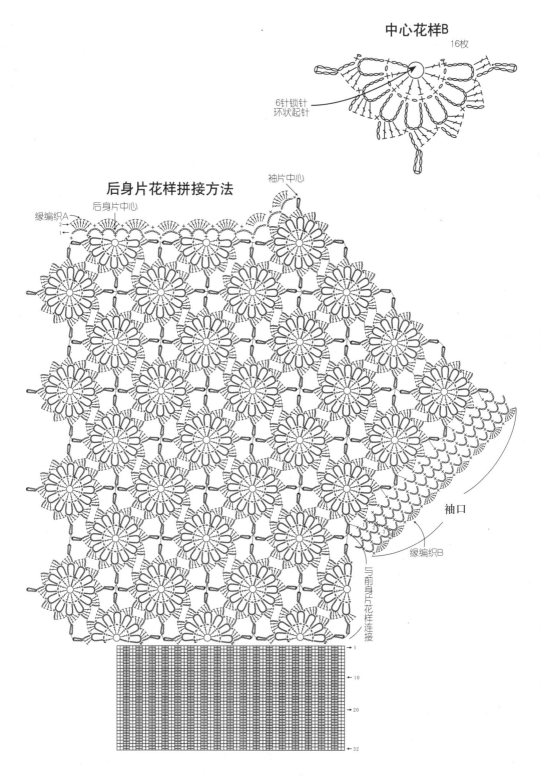

③ 毛绒镂空外套

材料：e流线轻舞飞扬粉色双股350g

工具：2.5mm、3.0mm、3.5mm钩针

成品尺寸：衣长55cm、胸围99cm、
肩袖长40cm

编织密度：参考花样编织图

编织要点

前、后身片及袖片：整体为中心花样连接而成。中心花样用锁针做成环形的方法起针，编织中心花样A-D，花片A和A'是更换针的号数编织的相同中心花样。参照图示，从领部开始在中心花样的最终行连接编织。身片侧缝、袖下要一边对齐符号的位置连接一边编织。

组合：下摆、前襟、衣领要连续地将缘编织A、B、C编织成缘，在缘编织B的第1行，一边在右襟上开扣眼一边编织；袖口处也将缘编织B编织成环形，在左前襟缝钉扣子。

结构图

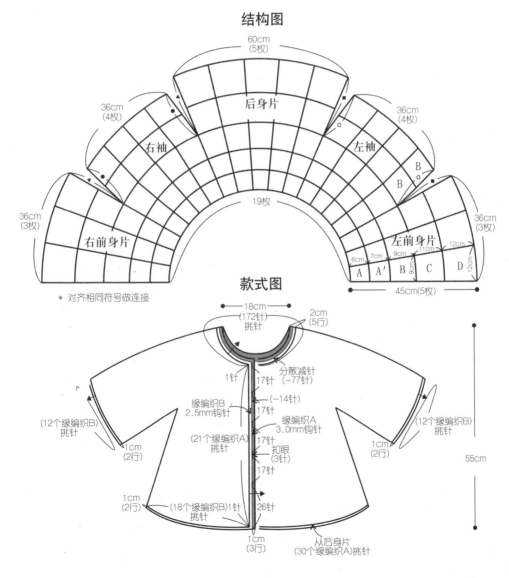

* 对齐相同符号做连接

款式图

花样的连接方法和缘编织A、B、C

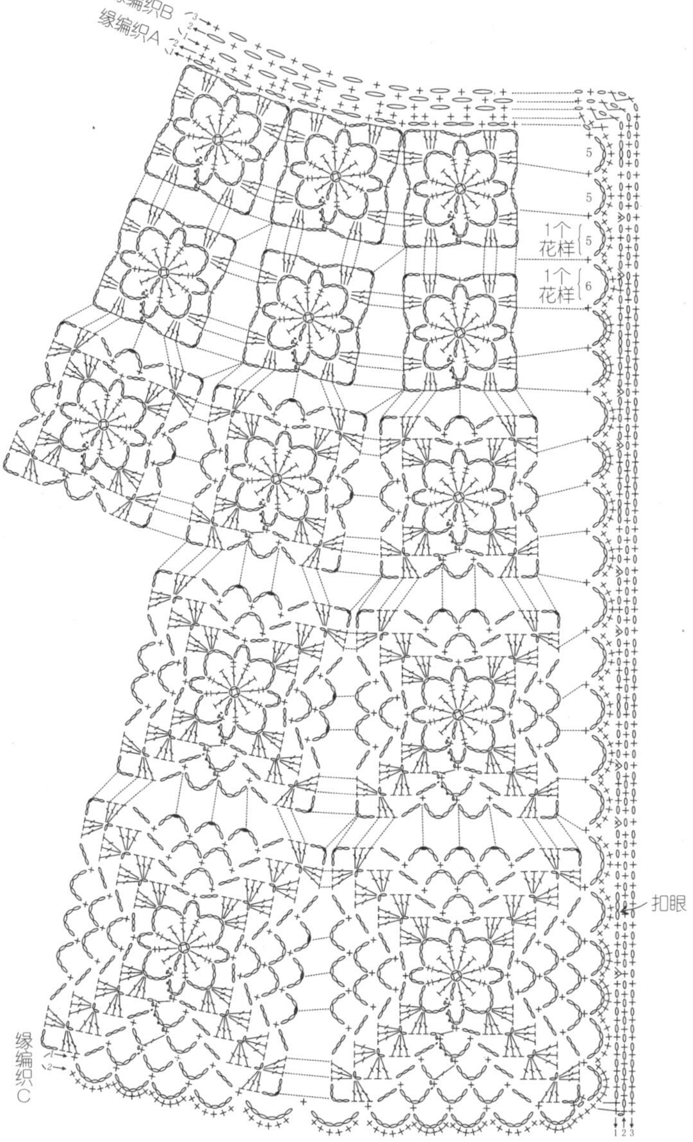

缘编织B
缘编织A

1个花样
1个花样

扣眼

缘编织C

中心花样编织A、A'

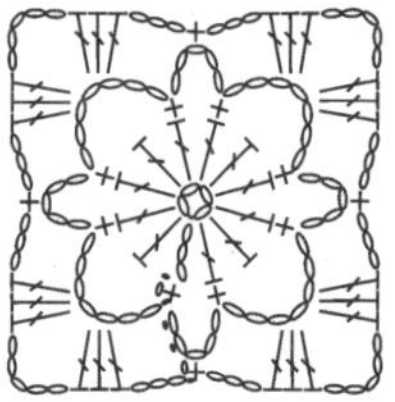

中心花样编织B

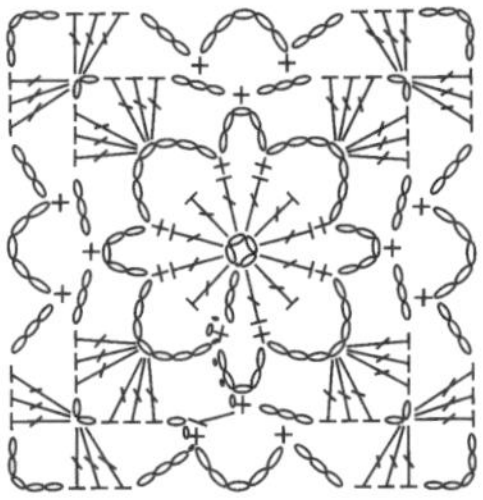

中心花样编织C

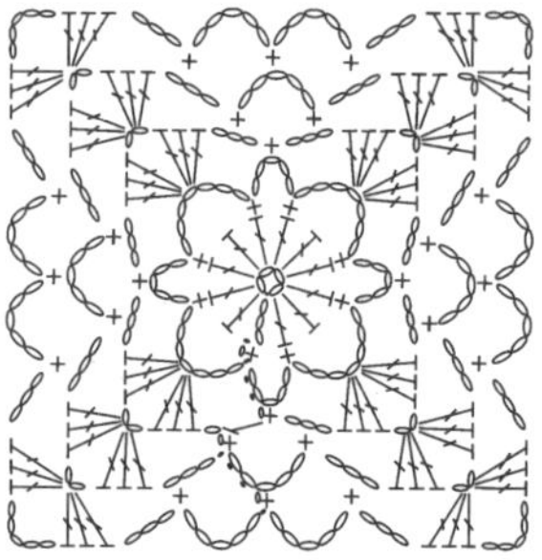

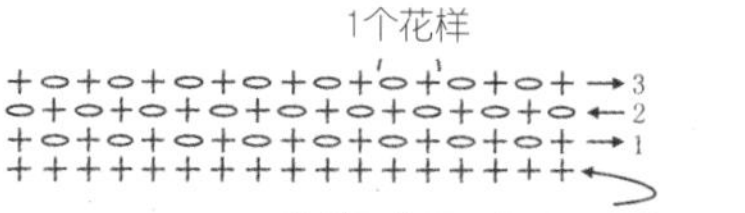

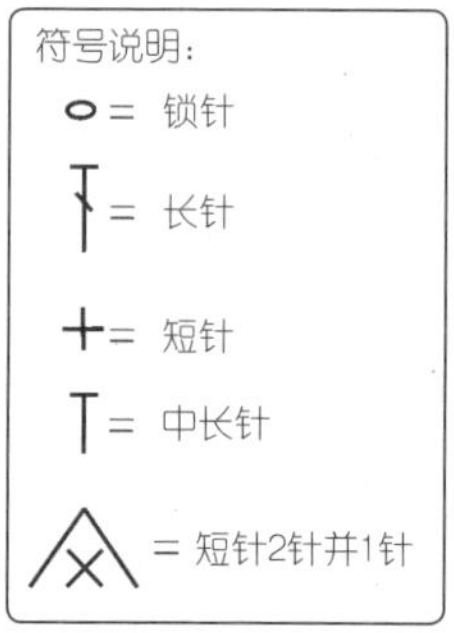

中心花样编织D

缘编织A

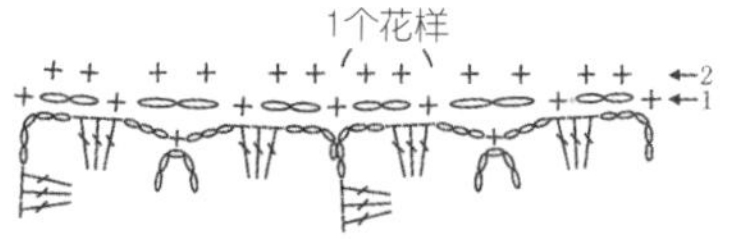

1个花样

缘编织B

1个花样

接着缘编织A继续钩缘编织B

符号说明：

○ = 锁针

┬ = 长针

+ = 短针

T = 中长针

⋀ = 短针2针并1针

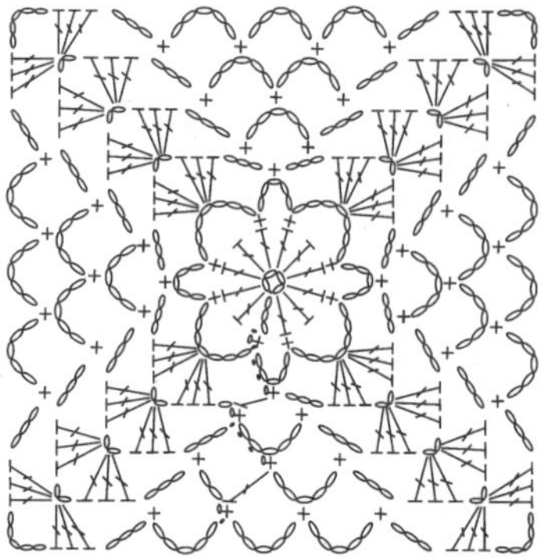

④ 针织裙

材料：e流线轻舞飞扬段染双股500g
工具：3.0mm钩针

成品尺寸：衣长69cm、胸围96cm、肩袖长24cm
编织密度：参照花样编织图

编织要点

前、后身片衣身钩法参照前、后身片结构图编织，肩部、衣身两侧用短针缝合，沿整衣外围挑针钩3行短针做边缘钩织，衣服特点是前、后可以变换着穿。

中心花样
50枚

8cm
8cm

缘编织A
1个花样
从1枚中心花样上挑5个花样

花样编织

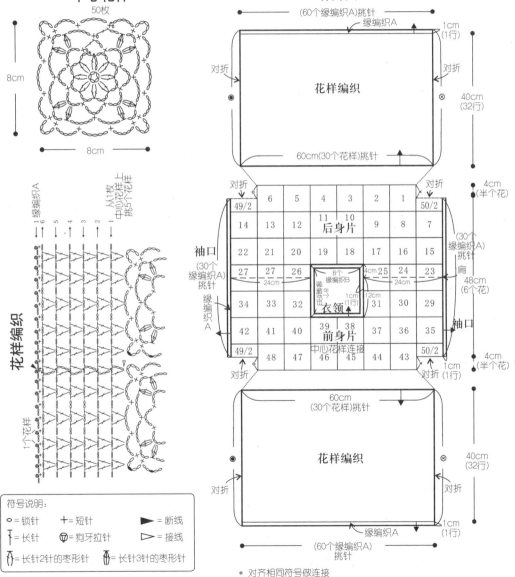

结构图

* 对齐相同符号做连接

符号说明：
○ = 锁针　　＋ = 短针　　▶ = 断线
T = 长针　　⑰ = 狗牙拉针　　▷ = 接线
长针2针的枣形针　　长针3针的枣形针

中心花样的拼接方法

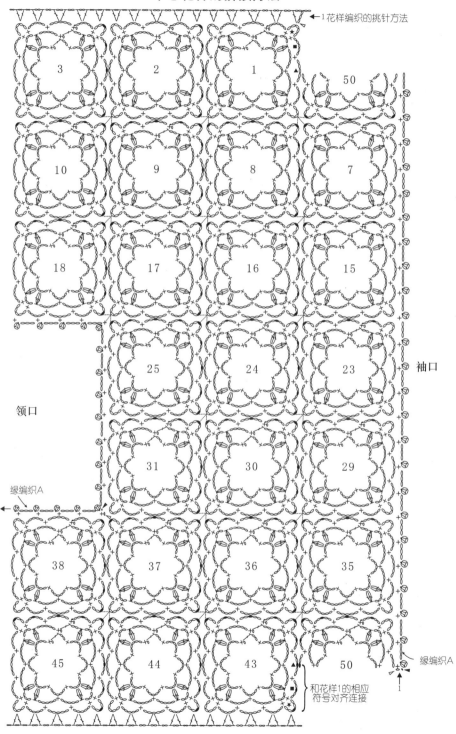

← 1花样编织的挑针方法

50

领口

袖口

缘编织A

1←

和花样1的相应
符号对齐连接

缘编织A

1

⑤ 气质翻领长款外套

材料：e流线心语芊尘橘色600g　　成品尺寸：衣长75cm、胸围84cm、背肩宽35cm、

工具：2.0mm钩针　　　　　　　　　　　　袖长22cm

编织密度：16针×8行/10cm

编织要点

前、后身片：分别编织后身片和左右前身片，后身片只有下摆处编织8卷长针的花样，左右前身片下摆和胸部都编织8卷长针的花样。

袖片：从袖山开始片钩，按照图解，编织完成后再与衣身缝合。

衣领：单独钩织后再与领口对应缝合。完成前、后身片与袖片后，开始缘编织，先完成左、右前身片的门襟缘编织B，接着完成底边的缘编织B，最后沿着底边和门襟钩1行逆短针，缝上暗扣。完成。

结构图

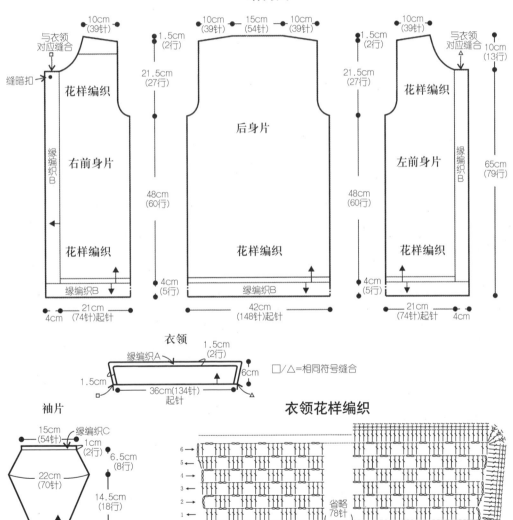

衣领

衣领花样编织

袖片

□/△=相同符号缝合

袖片花样编织 左前身片花样编织

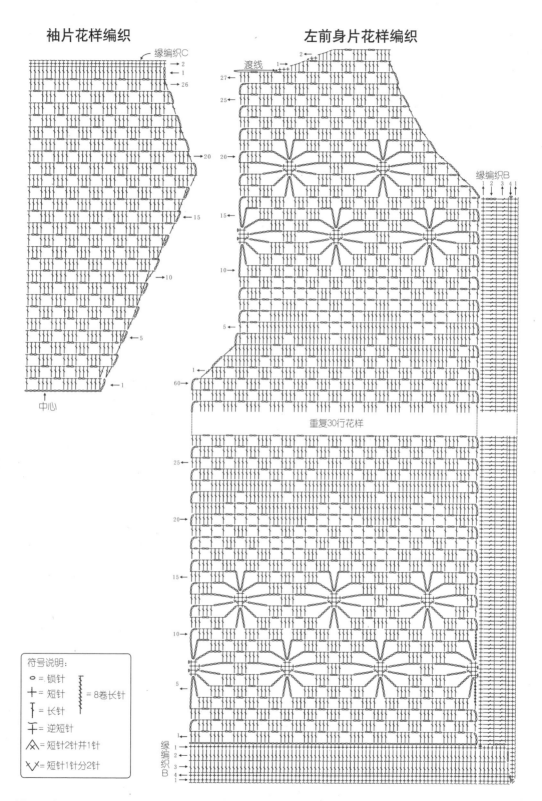

缘编织C
←2
←1
←26

←20

←15

→10

→5

→1

中心

渡线

27

25

20

15

10

5

1
60←

重复30行花样

缘编织B
1 2 3 4

25

20

15

10

5

1

缘
编
织
B

90

⑥ 米色一字领罩衣

材料：e流线秋日私语米色600g　　成品尺寸：衣长60cm、胸围100cm、背肩宽50cm

工具：3.5mm钩针　　　　　　　　编织密度：参照花样编织图

编织要点

前、后身片：锁针起针，钩编花样。第1行挑取起针锁针的里山，钩编5针长针形成1个花样。第2行的短针，整束挑起前一行长针的头部和锁针进行编织。从下摆到肩部等针直编，在袖口开口停止处加入线的记号，最后参照图示完成织片。

组合：肩部卷针钉缝，留出袖口的位置，其余部分使用"1针短针、4针锁针"的锁针接缝。袖口钩8行短针成环形。

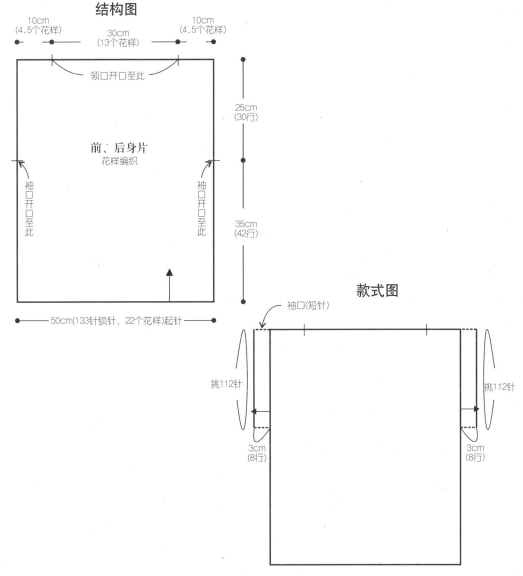

结构图

10cm
(4.5个花样)

30cm
(13个花样)

10cm
(4.5个花样)

领口开口至此

25cm
(30行)

前、后身片
花样编织

袖口开口至此

袖口开口至此

35cm
(42行)

50cm(133针锁针、22个花样)起针

款式图

袖口(短针)

挑112针

挑112针

3cm
(8行)

3cm
(8行)

身片花样编织

肩　　　　领口　　　　肩

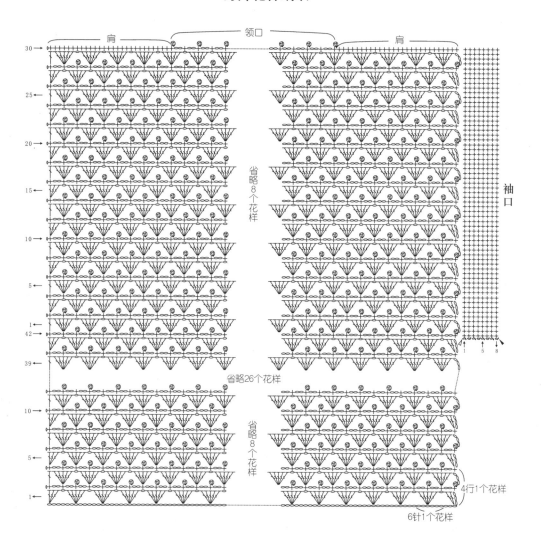

省略8个花样

袖口

省略26个花样

省略8个花样

4行1个花样

6针1个花样

符号说明：
o = 锁针　　►= 断线
十 = 短针　　▷= 接线
Ｔ = 长针　　⑰ = 狗牙拉针

⑦ 小香风钩针外套

材料：e流线秋日私语浅茶色400g　　成品尺寸：衣长57cm、胸围84cm、背肩宽38cm、
工具：3.5mm钩针　　　　　　　　　　　袖长14cm

编织要点　　　　　　　　　　　　　编织密度：参照花样编织图

前、后身片：分别编织后身片和左、右前身片，按照图解编织完成后，缝合后身片和左、右
前身片。

袖片：按照图解，从袖口起针编织再与衣身缝合。最后在领口、门襟、下摆、袖口处进
行缘编织。结束。

结构图

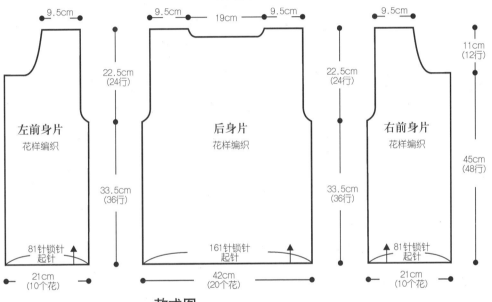

左前身片
花样编织

后身片
花样编织

右前身片
花样编织

9.5cm　　9.5cm　19cm　9.5cm　　9.5cm

22.5cm（24行）　　22.5cm（24行）　　11cm（12行）

33.5cm（36行）　　33.5cm（36行）　　45cm（48行）

81针锁针起针　　161针锁针起针　　81针锁针起针

21cm（10个花）　　42cm（20个花）　　21cm（10个花）

款式图

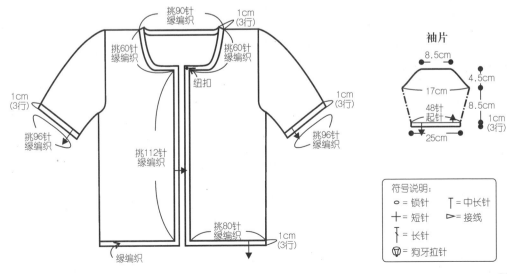

挑90针缘编织　　1cm（3行）

挑60针缘编织　　挑60针缘编织

纽扣

1cm（3行）　　1cm（3行）

挑96针缘编织　　挑96针缘编织

挑112针缘编织

挑80针缘编织　　1cm（3行）

缘编织

袖片

8.5cm

17cm　　4.5cm

48针起针　　8.5cm

25cm　　1cm（3行）

符号说明：
○= 锁针　　Ｔ= 中长针
十= 短针　　▷= 接线
Ｆ= 长针
🔟= 狗牙拉针

袖片花样编织

缘编织

左前片花样编织

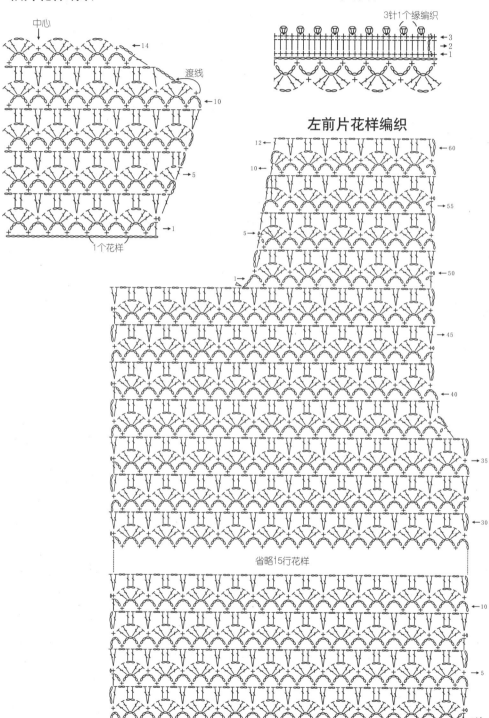

中心

←14

渡线

←10

→5

→1

1个花样

3针1个缘编织

←3
→2
←1

←60

←55

→50

←45

←40

→35

←30

省略15行花样

←10

→5

→1

8 花边袖口镂空外套

材料：e流线晨曦之爱粉色300g　　成品尺寸：衣长51cm、胸围80cm、背肩宽34cm、
工具：2.0mm钩针　　　　　　　　　　袖长6cm

编织要点　　　　　　　　　　　　　编织密度：参照花样编织图

后身片：锁针起针，按花样编织。第1行的长针是从锁针起针的内侧挑针编织的。参照编织图编织袖窿、领口、肩下。

前身片：和后身片一样起针，如图，左、右片分别编织。

袖：连接花片，中心花样是6针锁针环形起针，编织4行。先编织14枚，按图示，卷针拼接相邻的7枚中心花样。

组合：肩部做引拔拼接，腋下用"1针短针，2针锁针"的锁针缝合。下摆、前襟、衣领缘编织收边。衣袖按照图从身片袖窿的第3行开始用卷针拼接于身片。将针目作为扣眼。在左前身片上固定扣子。

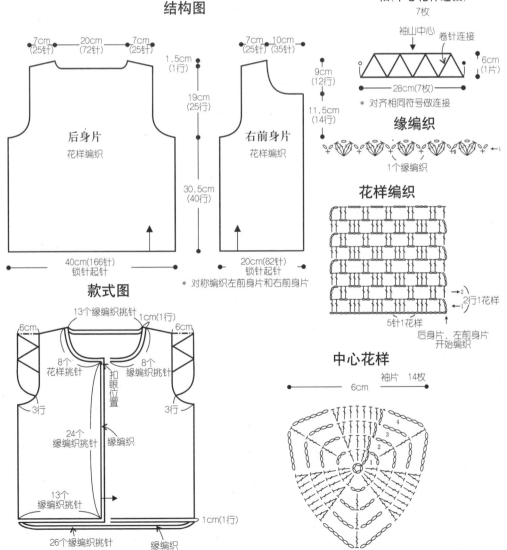

结构图

袖(中心花样连接)
7枚

缘编织

花样编织

中心花样

款式图

95

右前身片花样编织

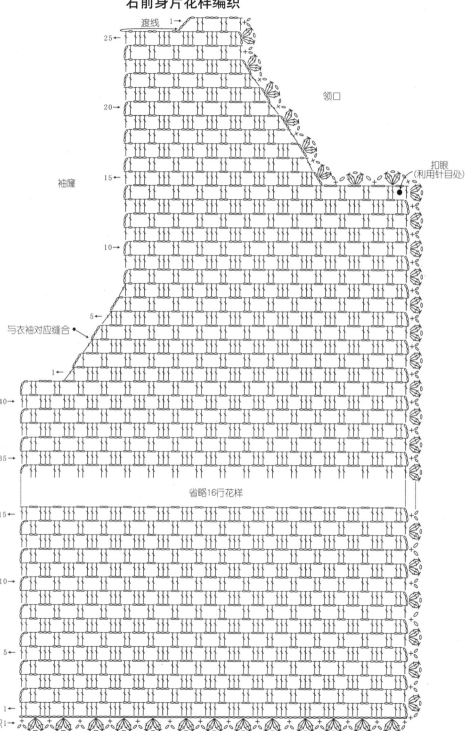

渡线

扣眼
(利用针目处)

领口

袖窿

与衣袖对应缝合●

省略16行花样

缘编织1

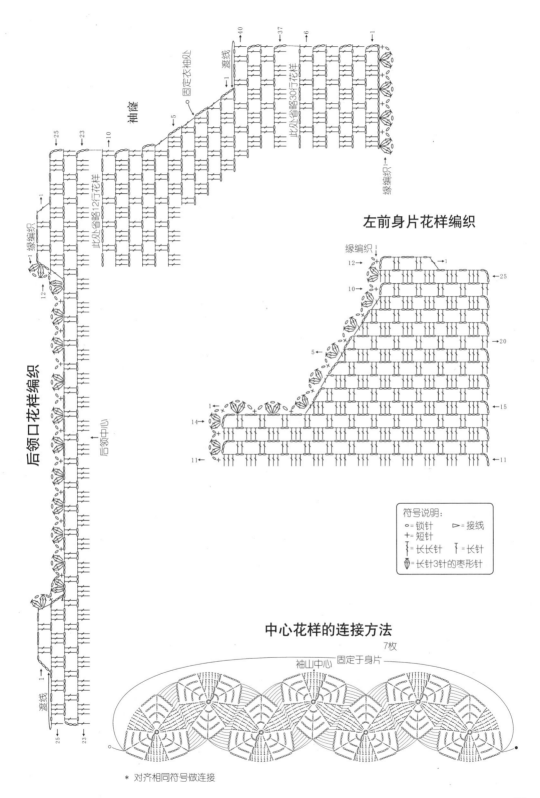

左前身片花样编织

后领口花样编织

袖笼

固定衣袖处

此处省略12行花样

此处省略30行花样

渡线

渡线

缘编织

后领中心

缘编织

符号说明：
○ = 锁针　▷ = 接线
+ = 短针
丁 = 长长针　丁 = 长针
⬭ = 长针3针的枣形针

中心花样的连接方法

7枚

袖山中心　　固定于身片

* 对齐相同符号做连接

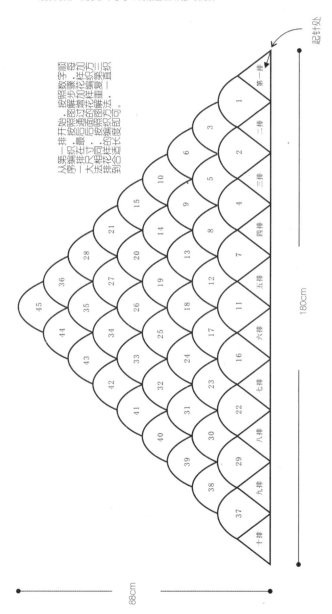

⑨ 段染扇纹披肩外套

材料：圆舞之风深色段染500g

工具：3.0mm钩针

成品尺寸：披肩长180cm、披肩宽88cm

编织密度：参照花样编织图

编织要点

按照图解钩三角形的网格（第一排一个网格，第二排两个网格，以此类推一直钩到十二排十二个网格），准备一张银行卡大小的卡片，用于钩20根的拉丝花，按照图解一步步往下钩。披肩的每一朵花不是拼接而成，是根据图解按数字顺序钩织的，需要尺寸大的就继续加排数，需要尺寸小的就适当减少排数。

结构图

从第一排开始，按照数字顺序编织，按照图解步骤导第二排在最后面的花格通过图解增加花样加大尺寸，后面的花样按拼接方法相同，按照图解的编织方法，一直织到合适长度即可。

起针处

第一排

二排

三排

四排

五排

六排

七排

八排

九排

十排

180cm

88cm

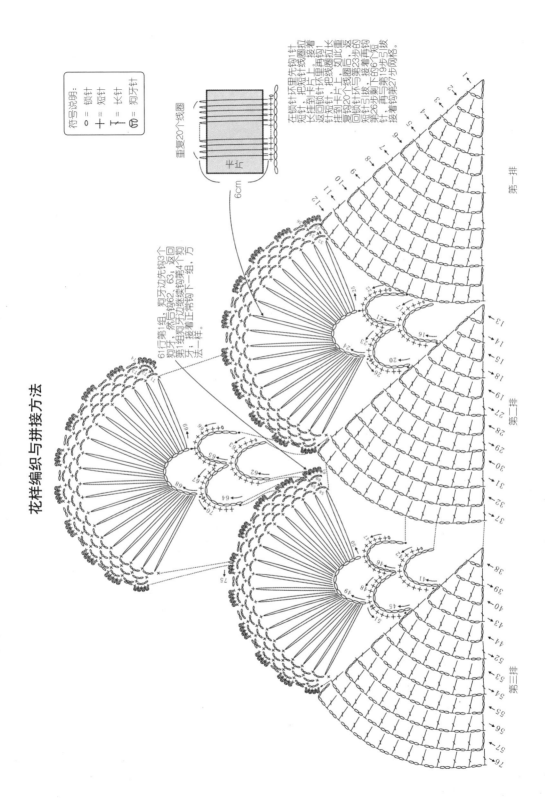

花样编织与拼接方法

符号说明：
0 = 锁针
十 = 短针
I = 长针
⚭ = 狗牙针

重复20个线圈

片头

6cm

在锁针里再钩先钩1针
短针,把短针钩到线圈拉着
长针挂到锁针上,再钩1
针挂到短针,把线圈再钩1
针挂到短针,把线圈拉此重复
复钩20个线圈如此23为的
回到锁针挂钩第23为的
短针引拔,接着第26个短
针,再钩第19为引拔
第26步剩下的6个短
针,再钩第27步网格。

61行第1组,狗牙边先钩3个
狗牙,然后钩62、63,返回
第1组狗牙边继续钩第4个狗
牙;接着正常钩下一组,方
法一样。

第一排

第二排

第三排

⑩ 日式大V领优雅罩衣

材料：蕾丝线淡蓝色段染350g　　成品尺寸：衣长55.5cm、胸围91cm、袖长35.5cm
工具：2.3mm、2.5mm钩针　　编织密度：26针×12行/10cm

编织要点

身片分前、后、左、右4片进行编织。从胁部以锁针起针挑里山向中心编织花样。前、后肩部用引拔针缝合，前、后身片、左右半片在边缘位置钩织2行缘编织。前、后身片用引拔针缝合在一起。袖片从袖口以锁针起针，从里山挑针钩织袖片编织花样。袖口钩织短针的条纹针，最后将袖片和身片缝合。

结构图

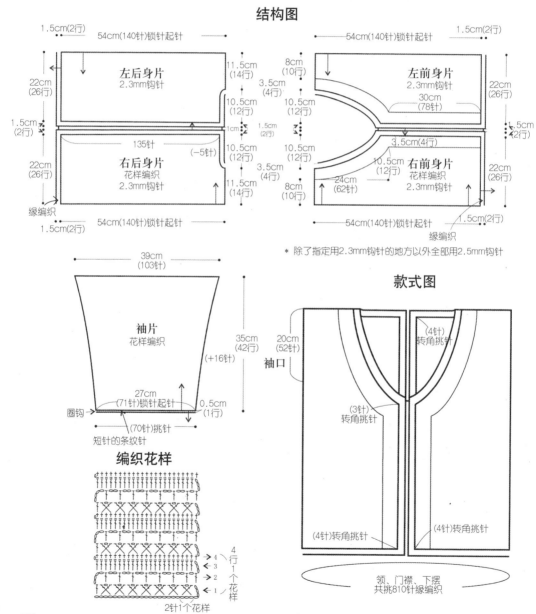

1.5cm(2行)

54cm(140针)锁针起针

左后身片
2.3mm钩针

22cm
(26行)

11.5cm
(14行)

8cm
(10行)

54cm(140针)锁针起针

1.5cm(2行)

左前身片
2.3mm钩针

22cm
(26行)

3.5cm
(4行)

30cm
(78针)

10.5cm
(12行)

10.5cm
(12行)

1.5cm
(2行)

1cm

1.5cm
(2行)

1.5cm
(2行)

1.5cm
(2行)

135针

(−5针)

右后身片
花样编织
2.3mm钩针

10.5cm
(12行)

10.5cm
(12行)

3.5cm(4行)

3.5cm
(4行)

10.5cm
(12行)

右前身片
花样编织
2.3mm钩针

24cm
(62针)

22cm
(26行)

11.5cm
(14行)

8cm
(10行)

22cm
(26行)

缘编织

1.5cm(2行)

54cm(140针)锁针起针

54cm(140针)锁针起针

1.5cm(2行)

缘编织

＊除了指定用2.3mm钩针的地方以外全部用2.5mm钩针

39cm
(103针)

袖片
花样编织

35cm
(42行)

(+16针)

27cm
(71针)锁针起针

0.5cm
(1行)

圈钩

(70针)挑针

短针的条纹针

款式图

袖口

20cm
(52针)

(4针)转角挑针

(3针)
转角挑针

(4针)转角挑针

(4针)转角挑针

领、门襟、下摆
共挑810针缘编织

编织花样

→4
←3
→2
←1

4行
1个
花样

2针1个花样

100

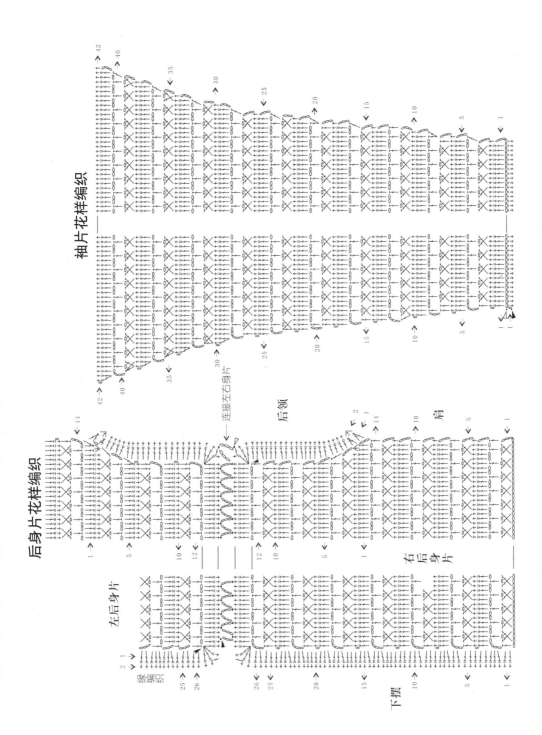

袖片花样编织

后身片花样编织

连接左右身片

后领

右后身片

左后身片

缘编织

下摆

前身片花样编织

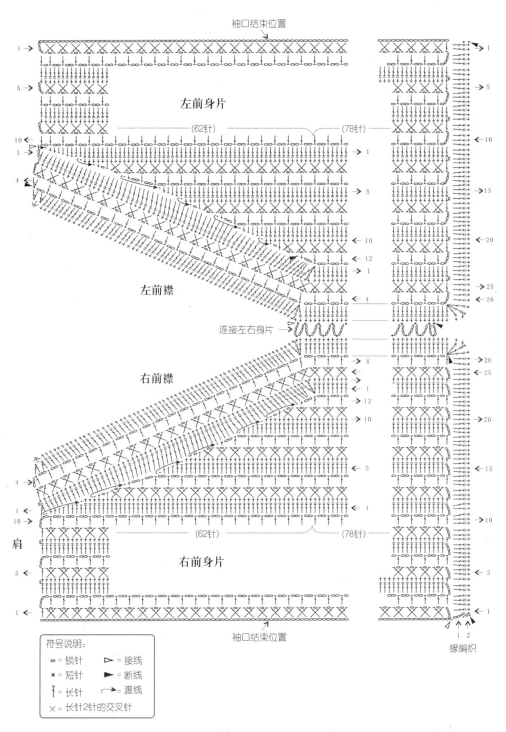

袖口结束位置

左前身片

(62针)　　　(78针)

左前襟

连接左右身片

右前襟

(62针)　　　(78针)

肩

右前身片

袖口结束位置

缘编织

符号说明:
- ○ = 锁针　　　▷ = 接线
- × = 短针　　　► = 断线
- ┃ = 长针　　　⟶ = 渡线
- ✕ = 长针2针的交叉针

102

⑪ 绿意段染长袖罩衣

材料：段染棉线绿色350g　　　成品尺寸：衣长63cm、胸围98cm、背肩宽35cm、袖长47cm

工具：2.3mm钩针　　　　　　编织密度：花样编织A、B 25针×10行=10cm

花样编织C 25针×11.5行=10cm

编织要点

前、后身片从下摆依次按照花样编织A、B进行钩织。肩部用引拔针缝合。袖片以锁针起针钩织袖片。胁部和袖下用引拔针缝合。最后将袖片和身片缝合。

结构图

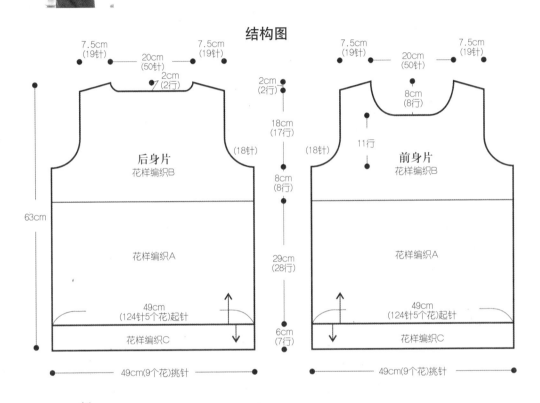

后身片
花样编织B

花样编织A

49cm
(124针5个花)起针

花样编织C

7.5cm
(19针)

20cm
(50针)

7.5cm
(19针)

2cm
(2行)

(18针)

63cm

49cm(9个花)挑针

2cm
(2行)

18cm
(17行)

8cm
(8行)

29cm
(28行)

6cm
(7行)

前身片
花样编织B

花样编织A

49cm
(124针5个花)起针

花样编织C

7.5cm
(19针)

20cm
(50针)

7.5cm
(19针)

8cm
(8行)

11行

(18针)

49cm(9个花)挑针

领
缘编织A

(50针)挑针

1.5cm
(3行)

(62针)
挑针

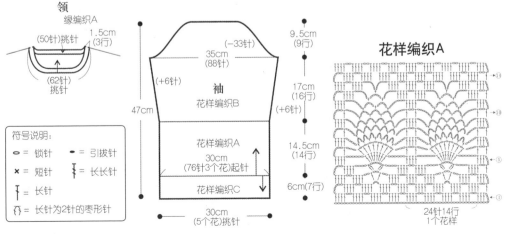

袖
花样编织B

花样编织A
30cm
(76针3个花)起针

花样编织C

35cm
(88针)

(−33针)

(+6针)

(+6针)

9.5cm
(9行)

17cm
(16行)

14.5cm
(14行)

6cm(7行)

47cm

30cm
(5个花)挑针

符号说明：

- ○ = 锁针
- ● = 引拔针
- × = 短针
- ‡ = 长长针
- ┠ = 长针
- ⋔ = 长针为2针的枣形针

花样编织A

24针14行
1个花样

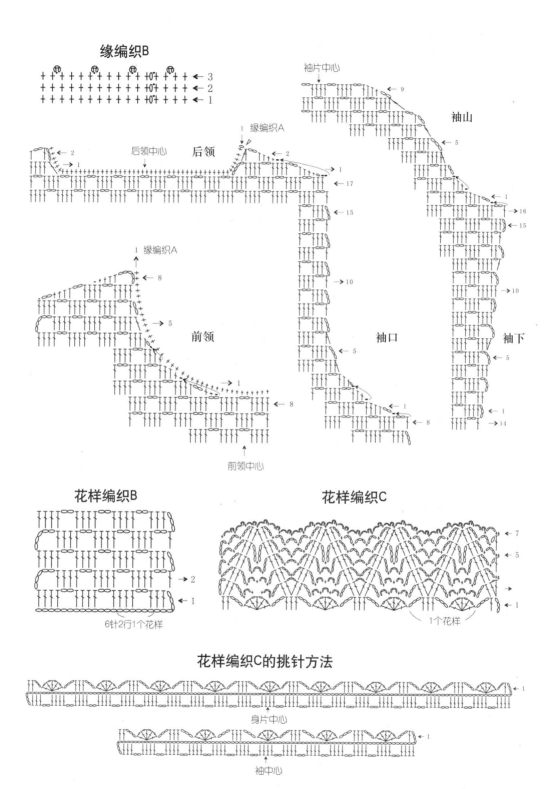

缘编织B

袖片中心

袖山

后领中心　后领　缘编织A

缘编织A　前领

前领中心

袖口　袖下

花样编织B

花样编织C

6针2行1个花样

1个花样

花样编织C的挑针方法

身片中心

袖中心

⑫ 段染镂空花漾上衣

材料：e流线花腋段染棉线400g　　成品尺寸：衣长43cm、胸围124cm、肩袖长21.5cm

工具：3.0mm钩针　　　　　　　　编织密度：花样编织A 31针×14行/10cm

花样编织B 31针×13.5行/10cm

编织要点

环形起针，按图解编织一个中心花样，2枚中心花样参考图解进行连接，将7枚中心花样连接到一起，以同样的方法再钩织一组。在中心花样周围钩1圈缘编织A，在缘编织A的下边挑针，用花样编织A、B编织前身片、后身片。在缘编织A的上边挑针，用花样编织A、B编织前肩、后肩，前后肩最后一行连接在一起。胁部用引拔针连接起来。下摆按缘编织B编织，领子按缘编织C、D编织，袖口按缘编织E编织。

结构图

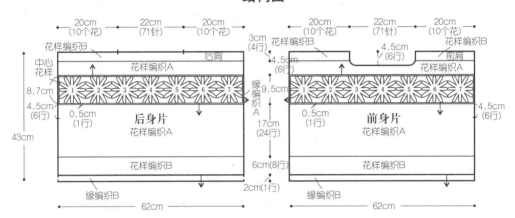

款式图

符号说明：

○ = 锁针

✕ = 短针

⟂ = 长长针

► = 编织起点

● = 引拔针

⟂ = 长针

✕ = 长长针3针的交叉针

➣ = 断线

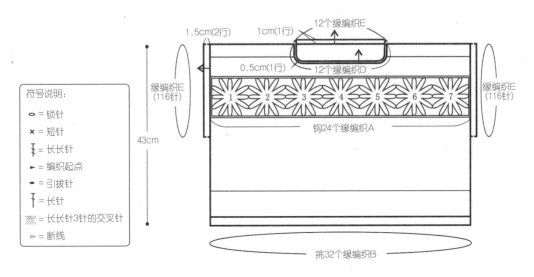

身片花样编织

缘编织E 1个花样

2引1个花样

缘编织D 1个花样

缘编织B 1个花样

花样编织B 1个花样

前片中心

花样编织A 8针1个花样

缘编织C 1个花样

渡线

缘编织A

中心花样

中央省略15行

后领肩

花样编织B

花样编织A

花样编织A 6引1个花样

花样编织A 8引1个花样

花样编织B 4行1个花样

缘编织B 1个花样

13 一字领蝙蝠袖短衫

材料：e流线花月夜茶色段染400g　　成品尺寸：衣长48.5cm、胸围90cm、肩袖长34cm
工具：3.0mm钩针　　　　　　　　　编织密度：参考花样编织图

编织要点

分别从袖片起99针编织85行，中间29行为领口，两边为肩袖。将2片肩部与袖下分别缝合，再从起针、收针处各挑40针钩10行缘编织B。从21～65行处，挑23个缘编织A钩14行。收针结束。

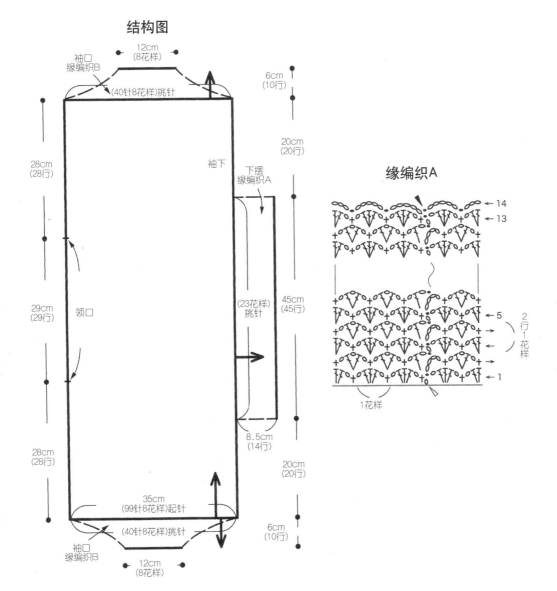

结构图

缘编织A

花样编织

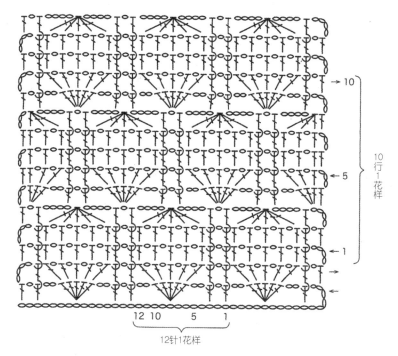

→ 10

← 5

← 1

→

←

10行1花样

12针1花样

12 10 5 1

缘编织B

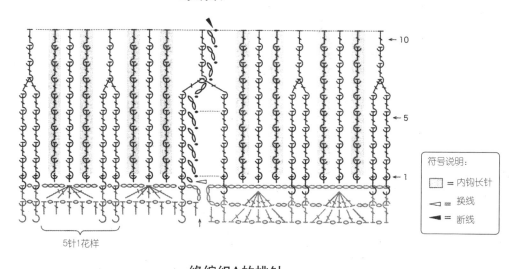

← 10

← 5

← 1

5针1花样

符号说明：

▢ = 内钩长针

◁ = 换线

◀ = 断线

缘编织A的挑针

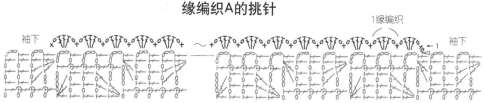

袖下

1缘编织

← 1

袖下

14 段染气质小背心

材料：意大利蝴蝶茶色段染线250g
工具：3.5mm钩针

成品尺寸：衣长55cm、背肩宽41cm、胸围92cm
编织密度：参考花样编织图

编织要点

前、后身片分片织，分别起110针钩22行开始收袖，袖子两侧各平收7针后再平织12行。
前领深3行，后领深1行。身片结束后缝合肩部与袖下，侧缝最下面6行开衩不做缝合。
最后，再沿领口、袖口、下摆钩一圈缘编织即可。

结构图

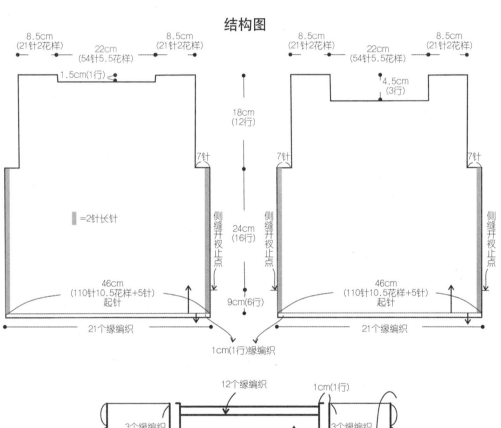

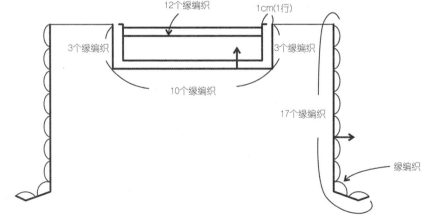

花样编织

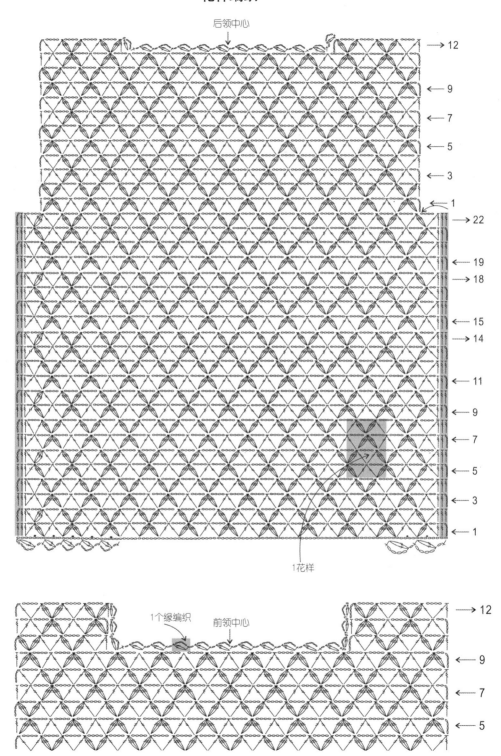

后领中心

→ 12
← 9
← 7
← 5
← 3
← 1
→ 22
← 19
→ 18
← 15
→ 14
← 11
← 9
← 7
← 5
← 3
← 1

1花样

1个缘编织　前领中心

→ 12
← 9
← 7
← 5

⑮ 拼接吊带小背心

材料：宝宝棉线中粗300g　　　成品尺寸：衣长48cm、胸宽74cm、背肩宽24cm
工具：2.0mm钩针　　　　　　编织密度：中心花样 5.5cm×5.5cm/花样

编织要点

锁102针起针，分别编织前、后身片，接着往下分散钩4圈花样，最后钩边，穿上丝带，完成。

结构图

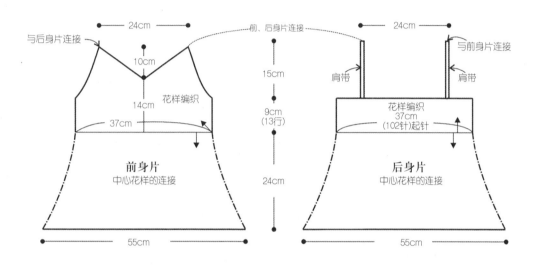

前身片
中心花样的连接

后身片
中心花样的连接

款式图

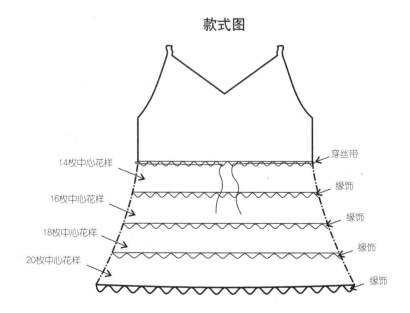

14枚中心花样
16枚中心花样
18枚中心花样
20枚中心花样

穿丝带
缘饰
缘饰
缘饰
缘饰

前身片花样编织及中心花样的连接

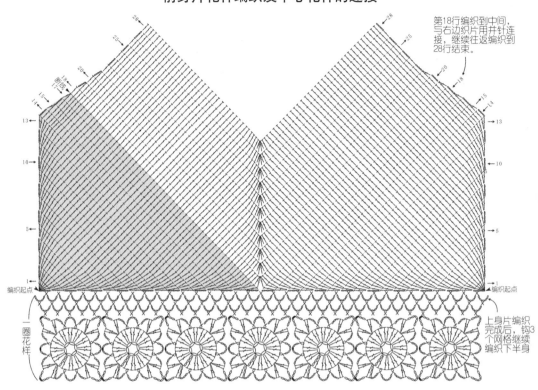

第18行编织到中间，与右边织片用并针连接，继续往返编织到28行结束。

上身片编织完成后，钩3个网格继续编织下半身

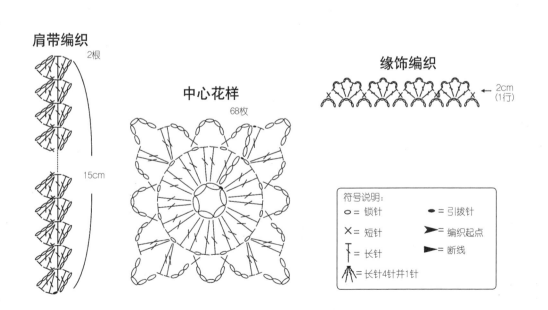

肩带编织

2根

15cm

中心花样

68枚

缘饰编织

← 2cm (1行)

符号说明：
- ○ = 锁针
- ✕ = 短针
- ┬ = 长针
- ⋔ = 长针4针并1针
- ● = 引拔针
- ➤ = 编织起点
- ► = 断线

16 芽白叶片短罩衫

材料：宝宝细棉线280g　　　成品尺寸：长25.5cm、下摆围96cm、领口围65cm
工具：2.0mm钩针　　　　　编织密度：10cm×8.5cm/花样

编织要点

锁针352针起针，按图示编织完第24行后，再按照1~9的顺序编织下摆的每个花样，最后一行花样不断线往返钩织直至结束，最后缘编织钩领边。完成。

结构图

96cm(16个花样)

65cm
(352针起针)
(16个花样)

花样编织

25cm
(33行)

款式图

0.5cm
(1行)

挑180针
30个缘编织

花样编织

花样编织

←9

←5

←1

←24

←20

←15

←10

←5

←1

22针1花样

锁352针起针

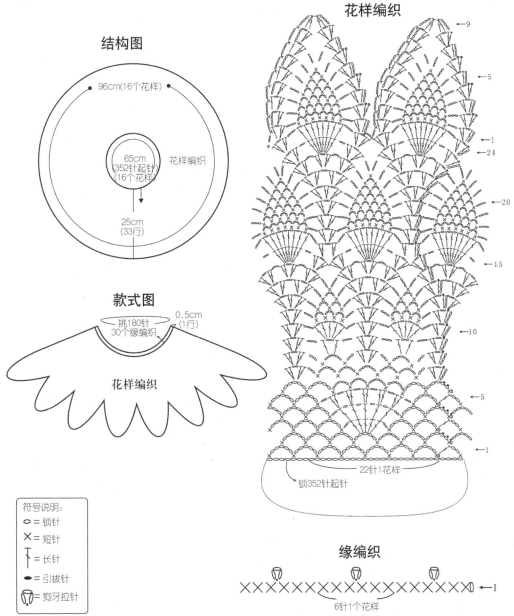

符号说明：
- ○ = 锁针
- × = 短针
- ╤ = 长针
- ● = 引拔针
- ⚇ = 狗牙拉针

缘编织

←1

6针1个花样

(17) 花格拼接开衫

材料：宝宝中粗棉线350g　成品尺寸：衣长37cm、胸围84cm、背肩宽38cm、袖长11cm
工具：2.2mm钩针　　编织密度：花样编织　16针×7行/10cm

编织要点

中心花样A 8.5cm×8.5cm/花样

后身片锁76针起针，编织11行后收袖窿，再往上编织11行后收领口，完成后身片。左、右前身片由7个中心花样拼接组成，边钩织边连接，完成花样后，在腋下挑针编织两排9个网格，接着编织袖片，缝合前、后身片和袖片。最后，缘编织钩边和编织系带。结束。

结构图

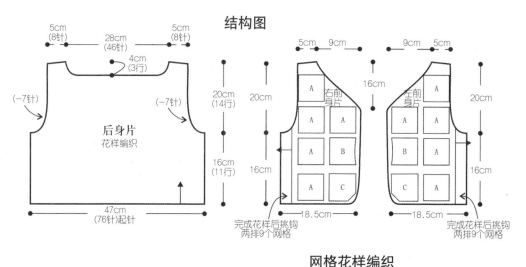

右前身片

左前身片

完成花样后挑钩两排9个网格

网格花样编织

腋下

款式图

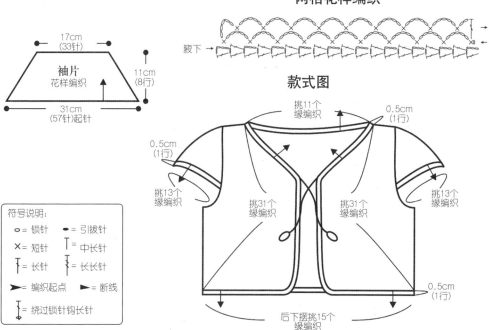

挑11个缘编织

0.5cm（1行）

0.5cm（1行）

挑13个缘编织

挑31个缘编织

挑31个缘编织

挑13个缘编织

0.5cm（1行）

后下摆挑15个缘编织

符号说明：

○ = 锁针　　　● = 引拔针
× = 短针　　　T = 中长针
Ŧ = 长针　　　₮ = 长长针
► = 编织起点　━ = 断线
Ŧ = 绕过锁针钩长针

114

中心花样A
10枚

中心花样B
2枚

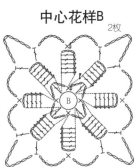

中心花样C
2枚

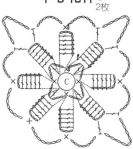

中心花样的连接

系带编织
2根

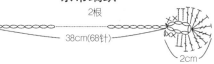

38cm(68针)

2cm

花样编织

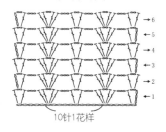

→6
←5
→4
←3
→2
←1

10针1花样

缘编织

1花样
←1
底边

袖片花样编织

中心

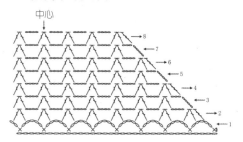

→8
→7
→6
→5
→4
→3
→2
←1

后身片花样编织

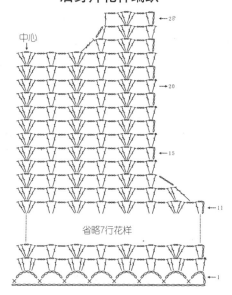

中心

←25
→20
←15
←11

省略7行花样

←1

18 镂空印花开衫

材料：宝宝细棉线400g　　　　成品尺寸：衣长39cm、胸围84cm、背肩宽38cm、
工具：2.0mm钩针　　　　　　　　　　　　袖长42cm

编织要点　　　　　　　　　编织密度：参照花样编织图

后身片中心花样环形起针，钩织16圈后断线，再分别钩织肩部和腋下。前身片中心花样环形起针，钩织16行后断线，再分别钩织肩部和腋下。袖片片钩2片，10个花样起针，钩织26行，两侧加针到57针，再逐行减针。袖山最后余8个花样，缝合前、后身片和袖片。最后，缘编织钩边和系带编织。结束。

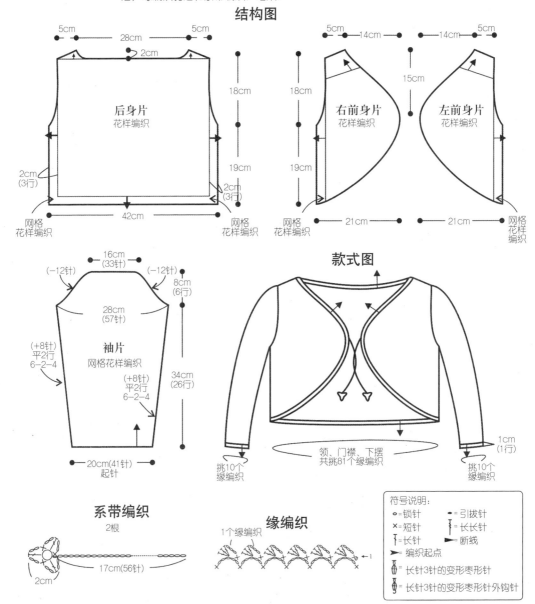

结构图

后身片
花样编织

右前身片
花样编织

左前身片
花样编织

袖片
网格花样编织

款式图

领、门襟、下摆
共挑81个缘编织

系带编织
2根

缘编织

符号说明：
○=锁针　　　=引拔针
×=短针　　　=长长针
=长针　　　=断线
=编织起点
=长针3针的变形枣形针
=长针3针的变形枣形针外钩针

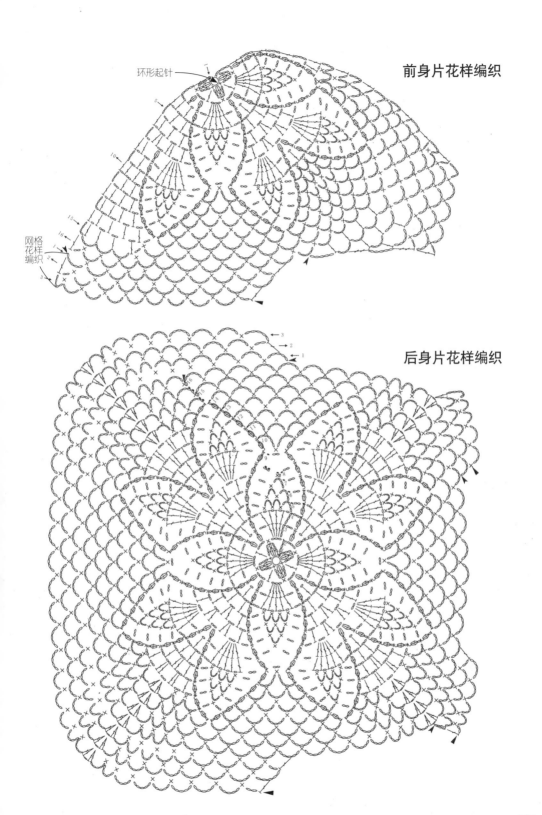

环形起针

前身片花样编织

网格
花样
编织

后身片花样编织

⑲ 荷叶边半身短袖

材料：棉麻中粗线350g　　　　成品尺寸：衣长35cm、胸围66cm、背肩宽38cm、
工具：3.0mm钩针　　　　　　　　　　　　　　袖长11cm

编织要点　　　　　　　　　　　编织密度：参考花样编织

后身片从上往下起针，91针钩17行后，按图示在腋下加针，往返编织19行花样，后身片领部钩织2行后，与前身片花样连接，圈钩5行花边。结束。

结构图

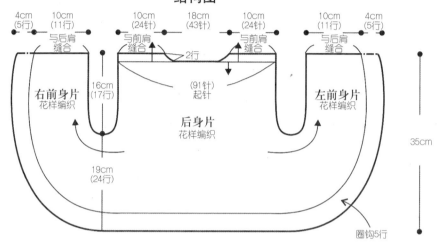

款式图

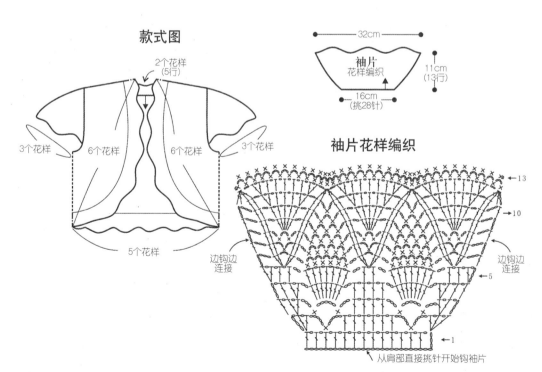

后身片花样编织　　　　　　　　　　　　　　　左前身片花样编织

衣襟与后领连起圈钩

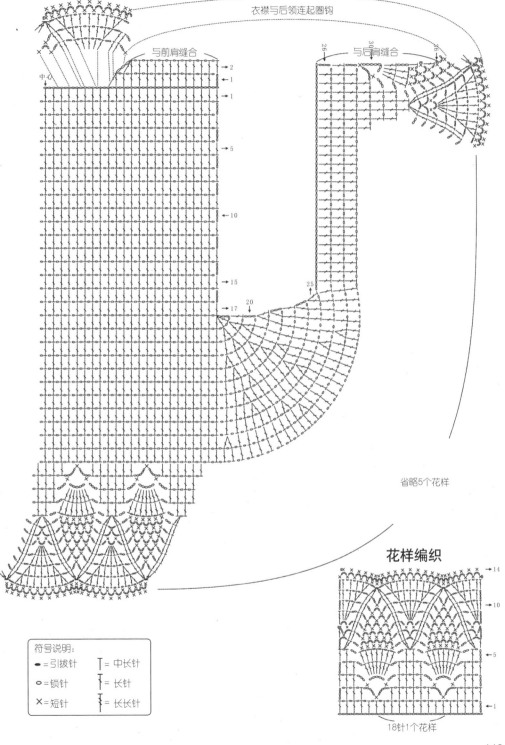

与前肩缝合　　　　　　　与后肩缝合

中心

→2
←1
→1

→5

←10

→15

→17　20

25

省略5个花样

花样编织

→14

→10

→5

←1

18针1个花样

符号说明：
●＝引拔针　　T＝中长针
○＝锁针　　　F＝长针
×＝短针　　　F＝长长针

119

⑳ 圆形钩花无袖外套

材料：马海毛细线280g　　　成品尺寸：衣长61cm、胸围82cm、背肩宽36cm
工具：2.2mm钩针　　　　　编织密度：参照花样编织图

编织要点

分别编织后身片和左、右前身片的中心花样。按照图解编织完成后，缝合后身片和左右前身片。在领、衣襟、袖口编织缘编织。结束。

结构图

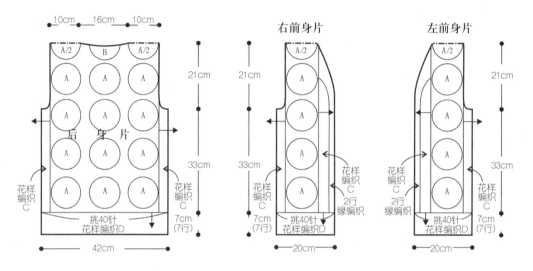

右前身片　　　　　　左前身片

后　身　片

A/2　B　A/2
A A A
A A A
A A A
A A A

10cm　16cm　10cm

21cm
33cm
7cm

花样编织C
花样编织C
挑40针
花样编织D
42cm

A/2
A
A
A
A

21cm
33cm
7cm(7行)

花样编织C
花样编织C
2行缘编织
挑40针
花样编织D
20cm

A/2
A
A
A

21cm
33cm
7cm(7行)

花样编织C
花样编织C
2行缘编织
挑40针
花样编织D
20cm

中心花样的连接

款式图

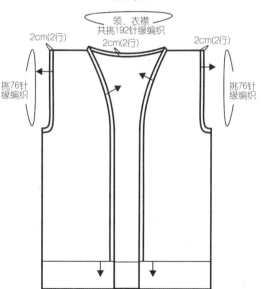

领、衣襟
共挑192针缘编织
2cm(2行)
2cm(2行)　　2cm(2行)
挑76针缘编织　　挑76针缘编织

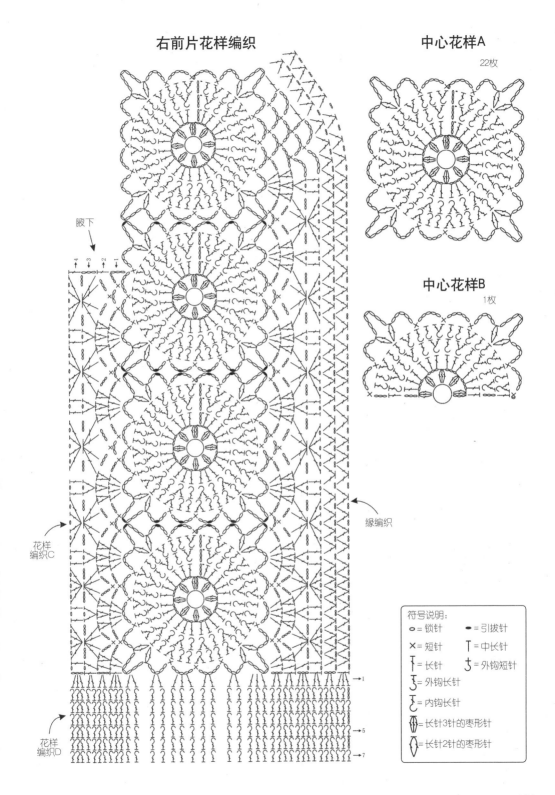

右前片花样编织

中心花样A
22枚

中心花样B
1枚

腋下

缘编织

花样
编织C

花样
编织D

121

㉑ 小雏菊长袖开衫

材料：细马海毛500g
工具：2.2mm钩针

成品尺寸：衣长39cm、胸围71cm、背肩宽37cm、
袖长63cm

编织密度：参照花样编织图

编织要点

按照中心花样连接的方法，先从后身片开始分片编织，边织边连接完成衣服整体。缝合衣身与袖片，最后钩缘编织。结束。

结构图

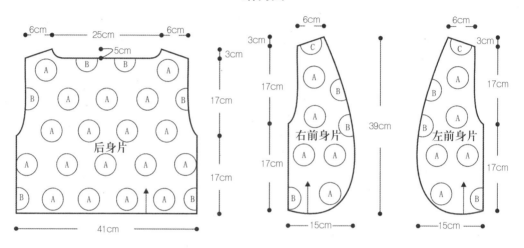

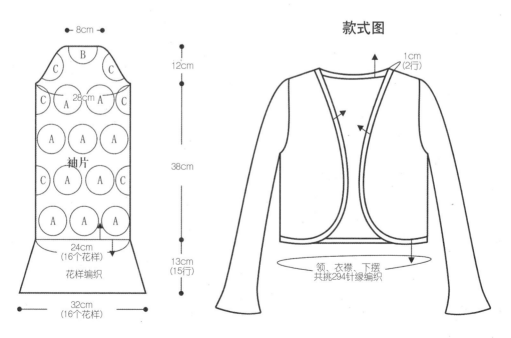

款式图

中心花样的连接方法

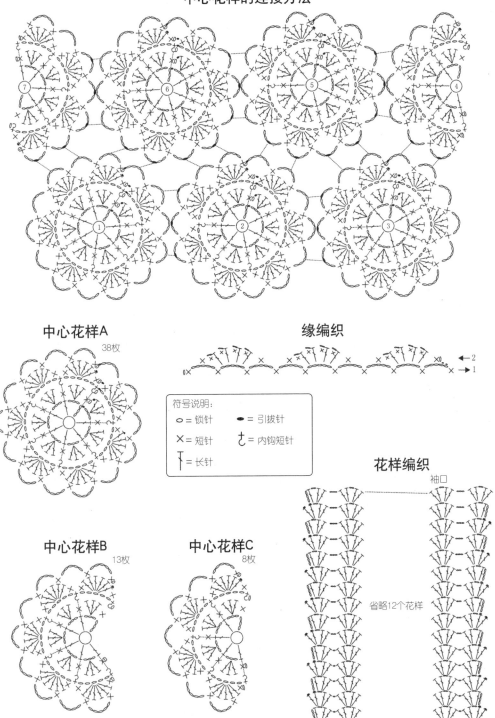

中心花样A
38枚

缘编织
←2
→1

符号说明：
- ○ = 锁针
- ● = 引拔针
- × = 短针
- ʅ = 内钩短针
- ┬ = 长针

中心花样B
13枚

中心花样C
8枚

花样编织
袖口

省略12个花样

1个花样

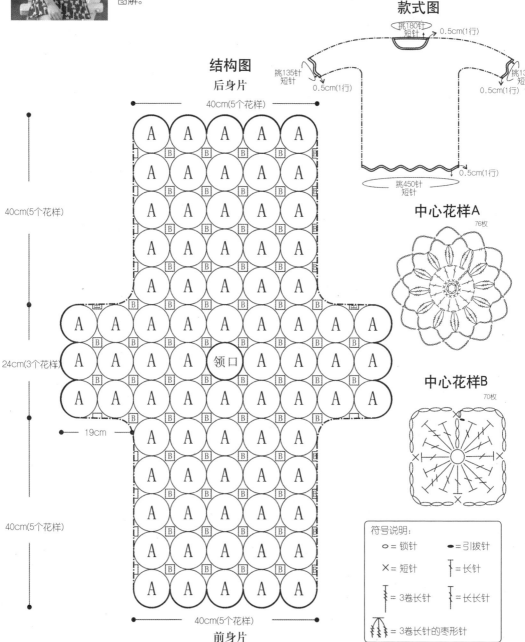

22 格桑花套头衫

材料：细毛线380g
工具：2.0mm钩针

成品尺寸：衣长52cm、胸围80cm、背肩宽40cm、
袖长19cm

编织密度：参照花样编织图

编织要点

钩织中心花样A，边钩织边连接，最后钩织中心花样B完成。详细钩织方法见P124～P125图解。

款式图

挑180针
短针
0.5cm(1行)

挑135针
短针
0.5cm(1行)

挑135针
短针
0.5cm(1行)

0.5cm(1行)

挑450针
短针

结构图
后身片

40cm（5个花样）

40cm（5个花样）

24cm（3个花样）

领口

19cm

40cm（5个花样）

前身片

中心花样A
76枚

中心花样B
70枚

符号说明：

◯ = 锁针　　●= 引拔针

✕ = 短针　　┬ = 长针

 = 3卷长针　　 = 长长针

 = 3卷长针的枣形针

124

领口、袖片中心花样的连接

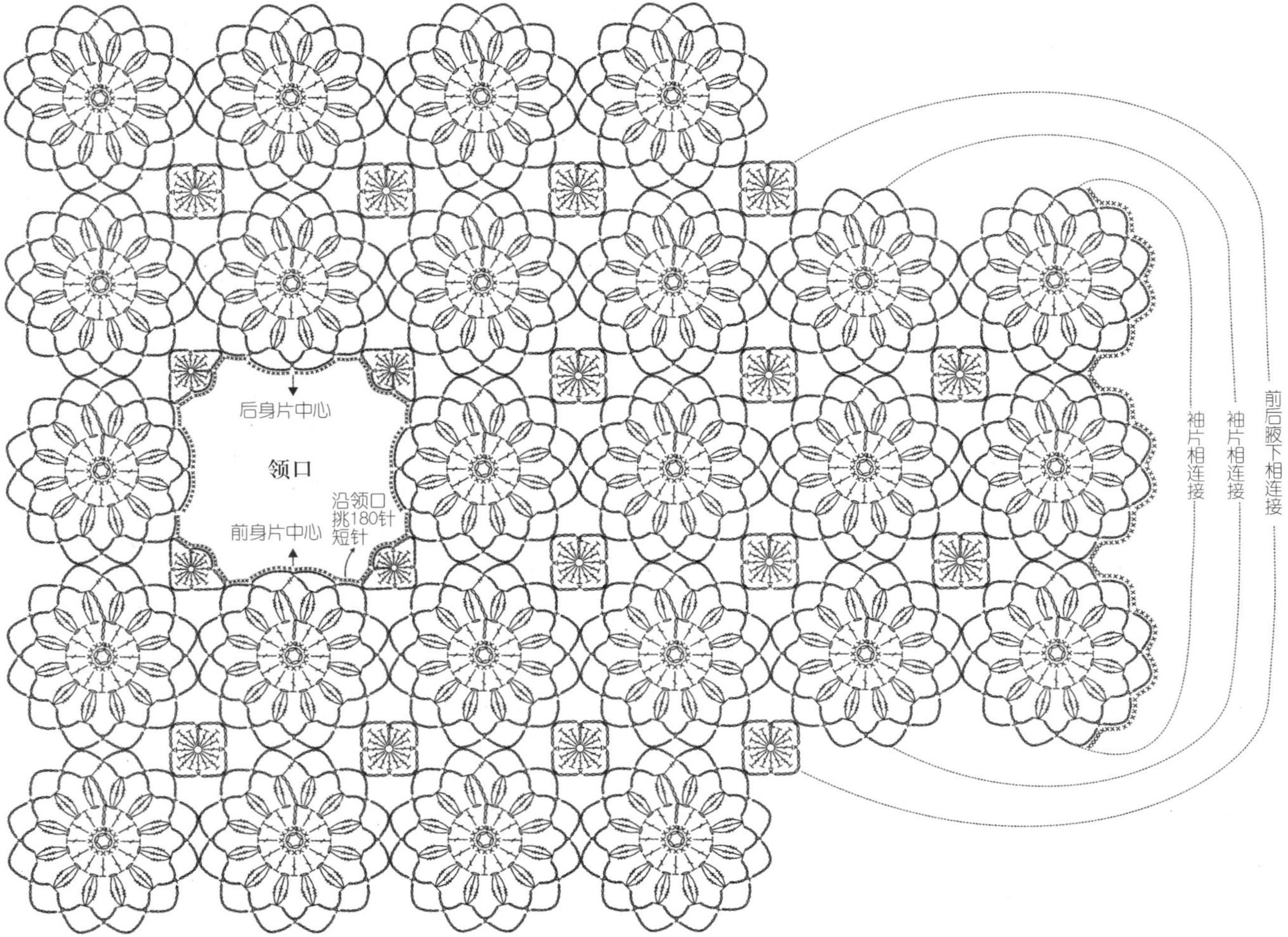

沿领口挑180针
短针

领口

后身片中心

前身片中心

125

㉓ 粉嫩小贝壳背心

材料：宝宝细棉线350g　　　　成品尺寸：衣长55cm、胸围78cm、背肩宽34cm

工具：2.0mm钩针　　　　　　编织密度：参照花样编织图

编织要点

整件衣服从下往上圈钩，前身片开袖窿并同时开领，肩部一直织到所需长度与后身片相连接，详细编织方法参考P126～P127图解。

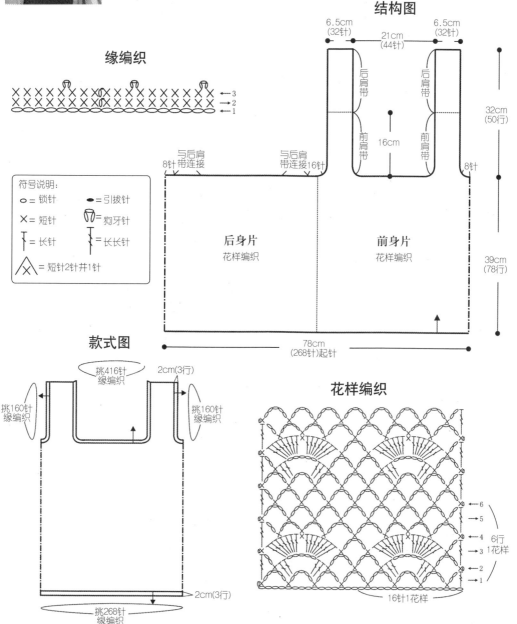

结构图

缘编织

←3
→2
←1

符号说明：
○ = 锁针　　● = 引拔针
× = 短针　　👖 = 狗牙针
† = 长针　　‡ = 长长针
⋀ = 短针2针并1针

款式图

6.5cm
(32针)　　21cm
(44针)　　6.5cm
(32针)

后肩带　　后肩带

32cm
(50行)

与后肩
8针肩带连接　　与后肩
带连接16针

前肩带　　16cm　　前肩带　　8针

后身片
花样编织　　前身片
花样编织

39cm
(78行)

78cm
(268针)起针

挑416针
缘编织　　2cm(3行)

挑160针
缘编织　　挑160针
缘编织

2cm(3行)

花样编织

←6
←5
←4　　6行
←3　　1花样
←2
←1

16针1花样

2cm(3行)

挑268针
缘编织

126

后身片花样编织

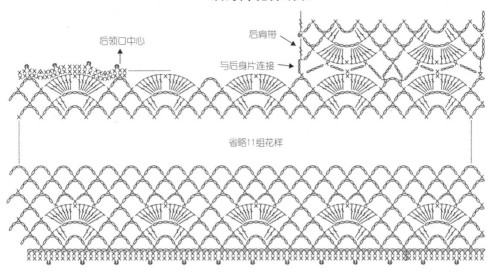

后领口中心

后肩带

与后身片连接

省略11组花样

前身片花样编织

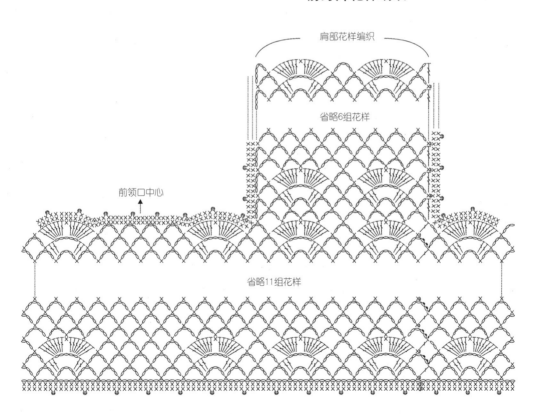

肩部花样编织

省略6组花样

前领口中心

省略11组花样

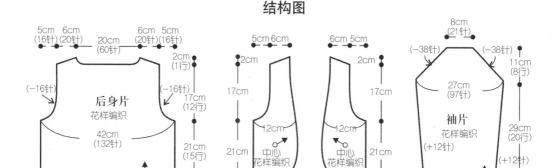

㉔ 枫叶纹长袖外套

材料：中粗混纺线500g

工具：3.0mm钩针

成品尺寸：衣长40cm、胸围66cm、背肩宽32cm、
袖长40cm

编织密度：参照花样编织图

编织要点

后身片起132针，往上钩织15行后收袖窿，袖窿钩12行后开后领口，完成后身片。前身片从花样中心起针，绕圈钩织10圈后断线，然后在下摆另线钩织4行，完成下摆后断线。最后，在胸部位置另线钩织12行完成前身片。

结构图

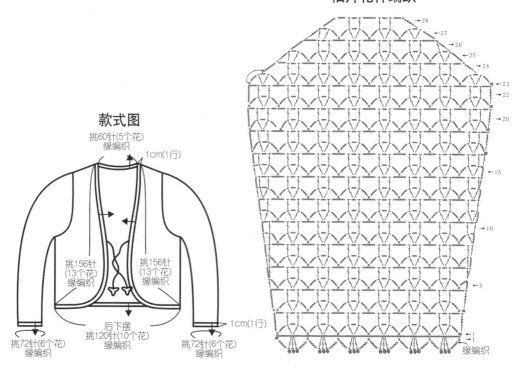

5cm 6cm｜20cm｜6cm 5cm
(16针)(20针)(60针)(20针)(16针)

2cm
(1行)

(−16针)

后身片
花样编织

(−16针)

17cm
(12行)

42cm
(132针)

21cm
(15行)

42cm
(132针)起针

5cm 6cm

2cm

17cm

右前身片

中心
花样编织

21cm

12cm

6cm 5cm

2cm

17cm

左前身片

中心
花样编织

21cm

12cm

8cm
(21针)

(−38针)

(−38针)

11cm
(8行)

27cm
(97针)

袖片
花样编织
(+12针)

29cm
(20行)

(+12针)

22cm
(73针)起针

袖片花样编织

→28
→27
→26
→25
→24
←23
←22
←20
←15
←10
←5
←1
缘编织

款式图

挑60针(5个花)
缘编织

1cm(1行)

挑156针
(13个花)
缘编织

挑156针
(13个花)
缘编织

后下摆
挑120针(10个花)
缘编织

挑72针(6个花)
缘编织

挑72针(6个花)
缘编织

1cm(1行)

后身片花样编织

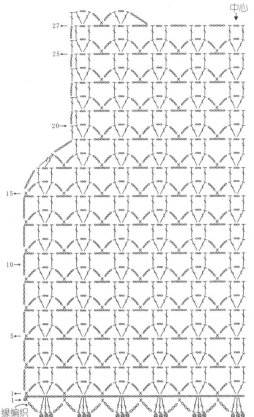

中心

27←
25←
20←
15←
10←
5←
1←
1←

缘编织

右前身片花样编织

与后肩部缝合

12←
10←
5←
1←

前身片中心花样

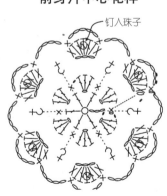

钉入珠子

系带编织

2根

直接从衣服上引拔钩织

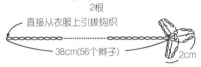

38cm(56个辫子)

2cm

缘编织

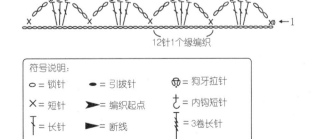

12针1个缘编织

1←

符号说明:

O = 锁针　　　● = 引拔针　　　〜 = 狗牙拉针

X = 短针　　　➤ = 编织起点　　　Ϟ = 内钩短针

↑ = 长针　　　◀ = 断线　　　Ϝ = 3卷长针

129

25 花叶边网纹短外套

材料：8号蕾丝细线380g
工具：1.75mm钩针

成品尺寸：衣长50cm、胸围64cm、背肩宽32cm、
袖长19cm

编织密度：参照花样编织图

编织要点

后身片中间圆环锁针起针，逐圈加针，加到合适尺寸再另线起针，连接钩出圆摆，最后缘编织钩边。结束。

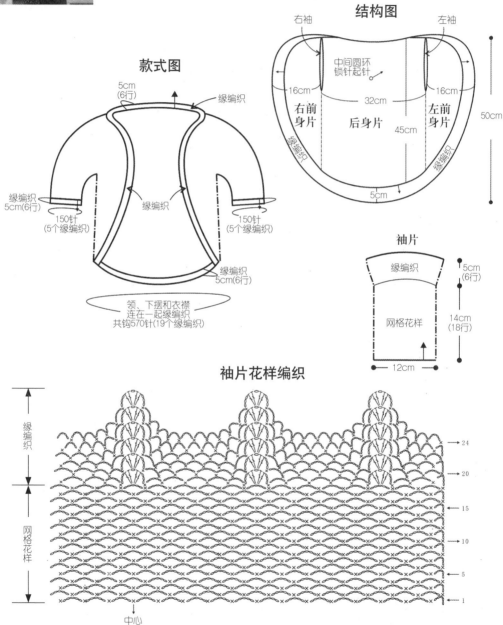

款式图

5cm(6行)

缘编织

缘编织
5cm(6行)

缘编织

缘编织

150针
(5个缘编织)

150针
(5个缘编织)

缘编织
5cm(6行)

领、下摆和衣襟
连在一起缘编织
共钩570针(19个缘编织)

结构图

右袖

左袖

中间圆环
锁针起针

16cm

16cm

右前身片

后身片

左前身片

32cm

45cm

50cm

缘编织

缘编织

5cm

袖片

缘编织

网格花样

5cm
(6行)

14cm
(18行)

12cm

袖片花样编织

缘编织

网格花样

中心

24

20

15

10

5

1

缘编织

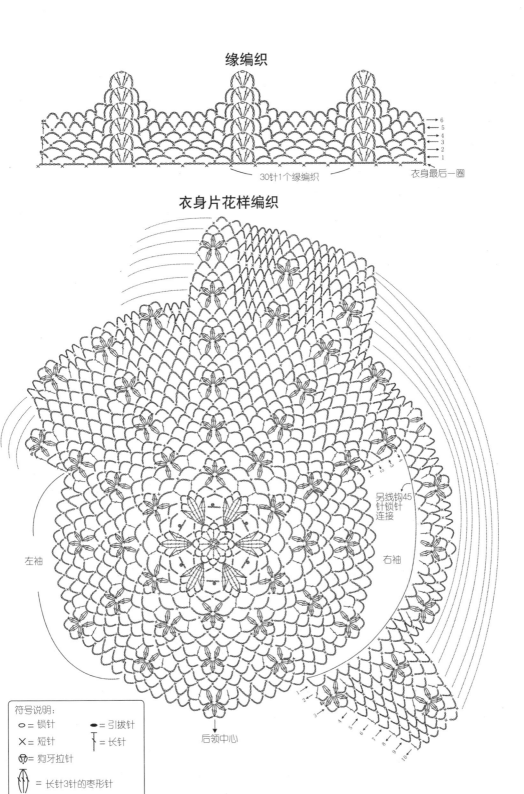

衣身最后一圈

6
5
4
3
2
1

30针1个缘编织

衣身片花样编织

另线钩45
针锁针
连接

左袖

右袖

后领中心

1
2
3
4
5
6
7
8
9
10

符号说明：

○ = 锁针　　● = 引拔针

╳ = 短针　　† = 长针

狗牙拉针

= 长针3针的枣形针

131

㉖ 粉色流苏长袖外套

材料：中粗混纺线500g
工具：3.0mm钩针

成品尺寸：衣长40cm、胸围76cm、背肩宽39cm、
袖长59cm

编织密度：中心花样　11cm×11cm/花样

编织要点
后身片按照编织图解，钩出中心花样，边钩边连接，然后再补完整其他部位的花样；前身片也是先钩出中心花样，再调整门襟的弧度，完成前身片，两个前身片的编织方法相同；袖片也是同样的方法编织，具体编织方法详见P132~P133图解。最后钩边先钩出一圈短针再做流苏结束。

结构图

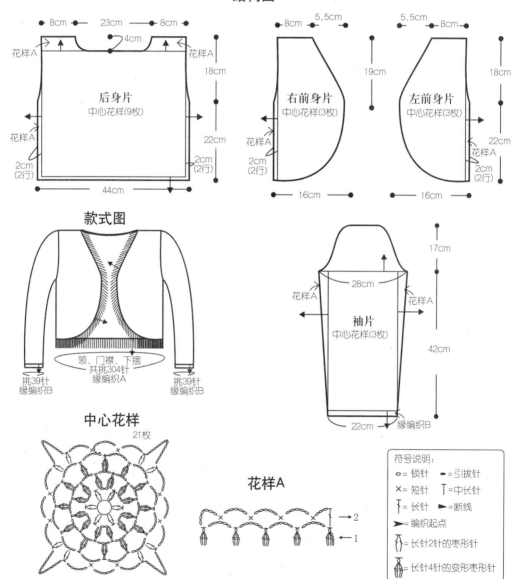

款式图

领、门襟、下摆
共挑304针
缘编织A

挑39针
缘编织B

挑39针
缘编织B

中心花样

21枚

花样A

符号说明
○= 锁针　　 ＝引拔针
×= 短针　　 Ţ =中长针
Ŧ=长针　　 ►=断线
►=编织起点
Ŷ= 长针2针的枣形针
= 长针4针的变形枣形针

132

後身片花样编织　　　　　　　　左前身片花样编织

中心

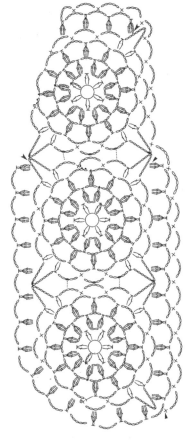

袖片花样编织

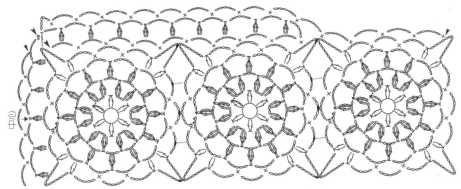

中心

系带编织
2根

2cm　61cm(80针)

缘编织A
领、门襟、下摆

←流苏
←2
→1

缘编织B
袖口

←2
→1
1个花样

㉗ 如意马甲短开衫

材料：8号蕾丝细线350g
工具：1.75mm钩针

成品尺寸：衣长23cm、胸围64c、肩袖长16.5cm
编织密度：花样编织 19行/16cm、23针/9cm

编织要点

从领口锁146针起针，编织19行后分出袖子，两个前身片各27针。后身片2个花样，两边袖片各1个花样。腋下加6针锁针，再编织10行网格，最后，缘编织钩边。结束。

款式图

结构图

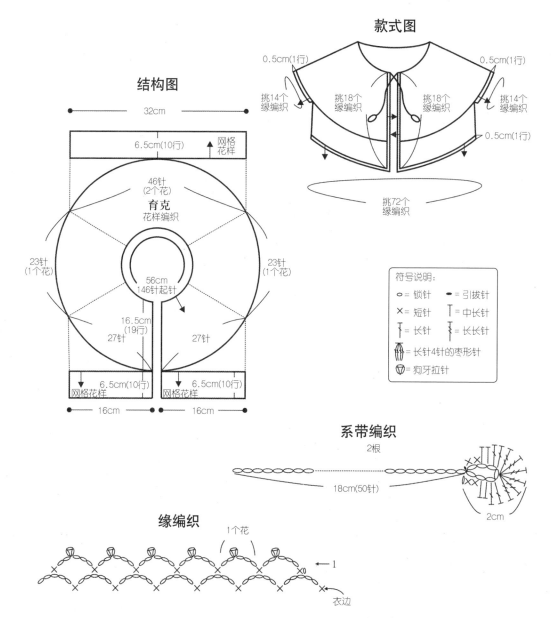

结构图：
32cm
6.5cm(10行) → 网格花样
46针(2个花)
育克 花样编织
23针(1个花)
23针(1个花)
56cm 146针起针
16.5cm(19行)
27针
27针
网格花样 6.5cm(10行)
网格花样 6.5cm(10行)
16cm
16cm

款式图：
0.5cm(1行)
0.5cm(1行)
挑14个缘编织
挑18个缘编织
挑18个缘编织
挑14个缘编织
0.5cm(1行)
挑72个缘编织

符号说明：
- o＝锁针
- •＝引拔针
- ×＝短针
- T＝中长针
- ↑＝长针
- ↟＝长长针
- ＝长针4针的枣形针
- ＝狗牙拉针

系带编织
2根
18cm(50针)
2cm

缘编织
1个花
← 1
× 0
衣边

花样编织

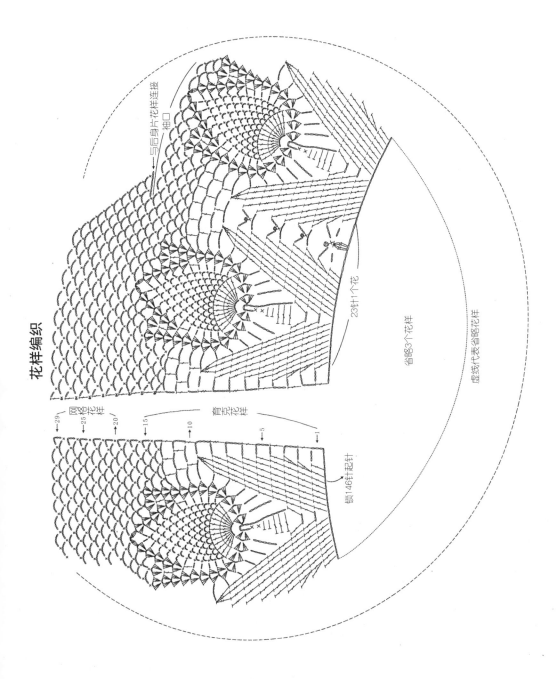

与后身片花样连接
袖口

23针1个花

省略3个花样

虚线代表省略花样

网格花样

编织花样

→29
→25
→20
→15
→10
→5
→1

锁146针起针

28 # 太阳花珍珠外套

材料：宝宝中粗棉线350g
工具：2.2mm钩针

成品尺寸：衣长34cm、胸围78cm、背肩宽32cm、
袖长5cm

编织密度：参照花样编织图

编织要点

后身片从中心起针，逐渐编织到12圈后，再分别编织肩部和腋下；前身片从花样起针，逐行加针到12行，再分别编织腋下和肩部，最后，系带编织和缘编织钩边。结束。

结构图

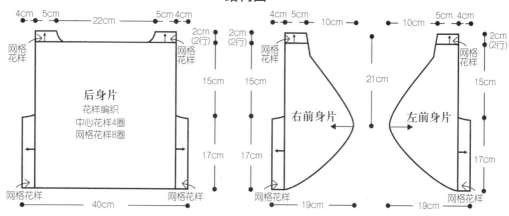

款式图

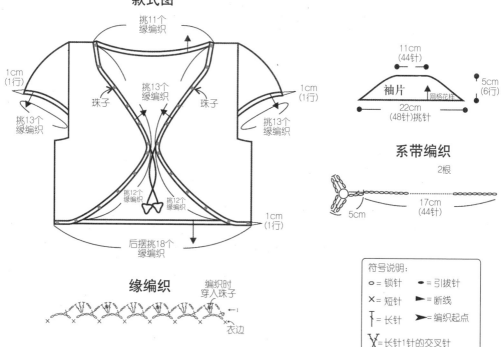

* 两个前身片衣襟在编织缘编织时要穿入珠子，其他地方则不需要。

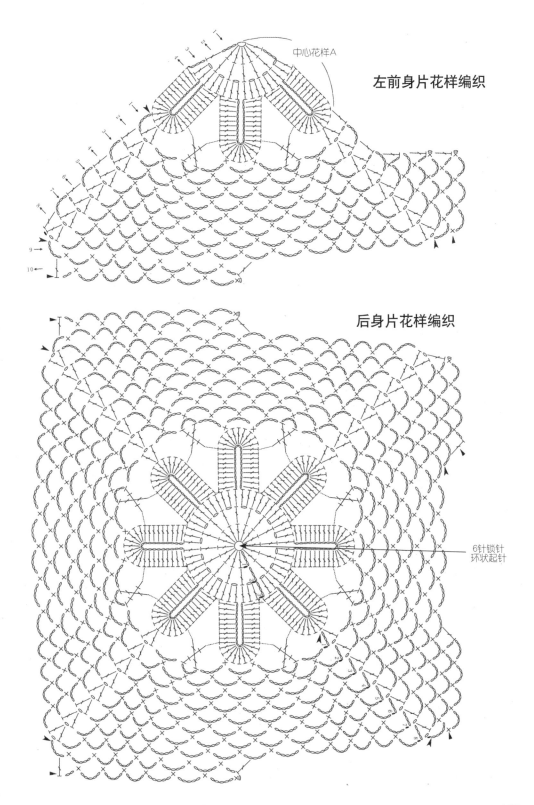

左前身片花样编织

中心花样A

后身片花样编织

6针锁针
环状起针

㉙ 三叶草无袖开衫

材料：中粗棉麻线300g　　成品尺寸：衣长41cm、胸围88cm
工具：2.2mm钩针　　编织密度：参照花样编织图

编织要点

领口锁135针起针，钩织9行育克花样，然后分前身片各2个花样，后身片3个花样，袖片各2个花样。后身片单独钩出中心花样，再用1行网格与育克花样连接。前身片接着育克花样往下钩一直到补齐后身片的花样（详细钩织方法看P139图解）。最后，系带编织和缘编织。结束。

结构图

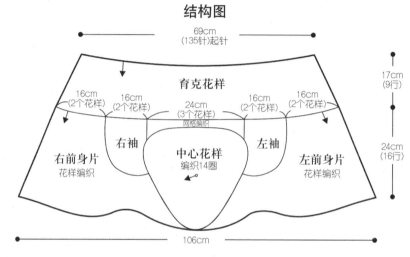

69cm
(135针)起针

育克花样

16cm
(2个花样)　16cm
(2个花样)　24cm
(3个花样)　16cm
(2个花样)　16cm
(2个花样)

网格编织

右袖　　中心花样　　左袖
编织14圈

右前身片　　　　　　　左前身片
花样编织　　　　　　　花样编织

17cm
(9行)

24cm
(16行)

106cm

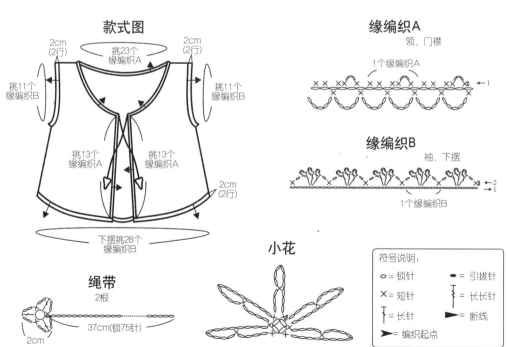

款式图

2cm
(2行)　　　　　2cm
(2行)

挑23个
缘编织A

挑11个
缘编织B　　　　　　　　挑11个
缘编织B

挑13个
缘编织A　　挑13个
缘编织A

2cm
(2行)

下摆挑28个
缘编织B

绳带

2根

37cm(锁75针)

2cm

小花

缘编织A

领、门襟

1个缘编织A

←1

缘编织B

袖、下摆

←2
→1

1个缘编织B

符号说明：

○ = 锁针　　　● = 引拔针

× = 短针　　　↑ = 长长针

┬ = 长针　　　▶ = 断线

▷ = 编织起点

138

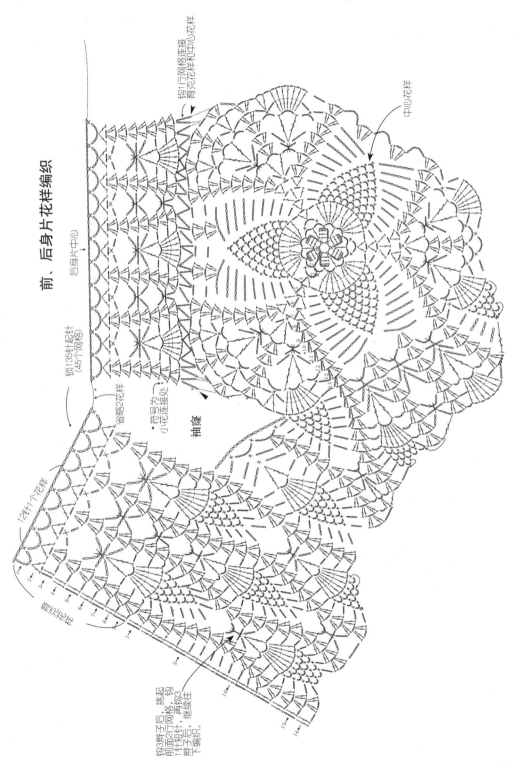

前、后身片花样编织

钩135针起针
(45个网格)

后身片中心

钩1行网格连接
育克花样和中心花样

中心花样

钩3针辫子后，挑起
前面2行网格，钩
1针短针，再钩3
辫子后，继续往
下编织。

袖缝

省略2个花样

符号为
小花连接处

12针1个花样

育克花样

139

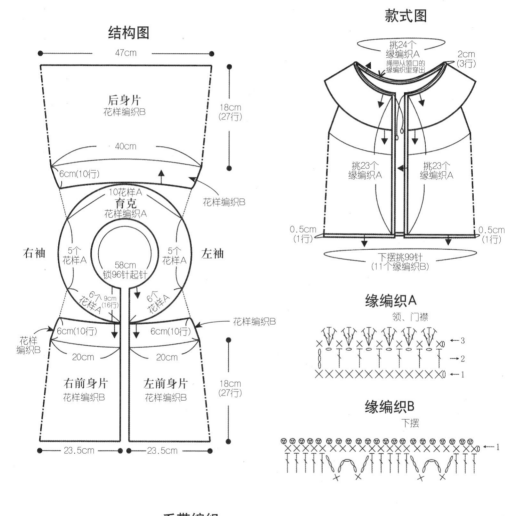

㉚ 条纹格调马甲

材料：宝宝细棉线380g
工具：1.75mm钩针

成品尺寸：衣长33cm、胸围80cm、肩袖长9cm
编织密度：参照花样编织图

编织要点

锁96针(32个花样A)起针，编织16行育克花样后分片编织。左、右前身片各6个花样，后身片10个花样，袖片各5个花样。前、后身片往返编织花样B10行后，连在一起不加减针再编织27行，最后系带编织和缘编织钩边。结束。

结构图

后身片
花样编织B

47cm

18cm
(27行)

40cm

6cm(10行)

花样编织B

10花样A
育克
花样编织A

右袖

5个
花样A

58cm
锁96针起针

5个
花样A

左袖

6个 9cm
花样A (16行)

6个
花样A

花样编织B

6cm(10行)

6cm(10行)

花样
编织B

20cm

20cm

右前身片
花样编织B

左前身片
花样编织B

18cm
(27行)

23.5cm

23.5cm

款式图

挑24个
缘编织A

绳带从领口的
缘编织里穿出

2cm
(3行)

挑23个
缘编织A

挑23个
缘编织A

0.5cm
(1行)

0.5cm
(1行)

下摆挑99针
(11个缘编织B)

缘编织A

领、门襟

←3
→2
←1

缘编织B

下摆

←1

系带编织

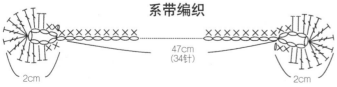

47cm
(34针)

2cm

2cm

符号说明：

○= 锁针
×= 短针
T= 长针

= 引拔针
T= 中长针
= 狗牙拉针

袖窿加针编织

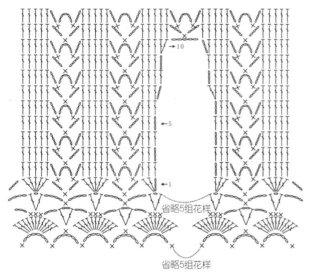

省略5组花样

省略5组花样

花样编织B

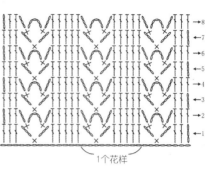

1个花样

花样编织A

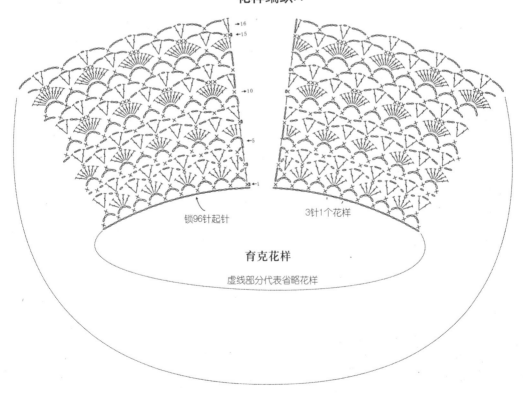

锁96针起针

3针1个花样

育克花样

虚线部分代表省略花样

(31) 蝙蝠袖花样开衫

材料：中粗混纺毛线450g　　成品尺寸：衣长48cm、胸围80cm、肩袖长28cm
工具：2.2mm钩针　　编织密度：中心花样A 7cm×7cm/花样

编织要点

后身片由42枚花样拼接，前身片分别由20枚花样拼接（详细拼接方法见P142～P143图解）。

结构图

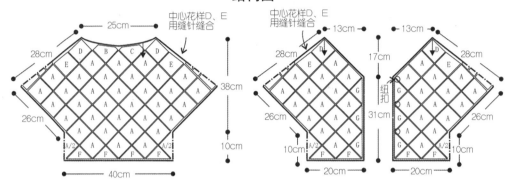

款式图

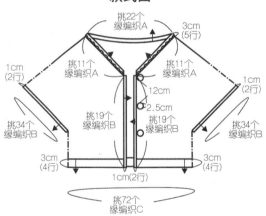

缘编织A

领口

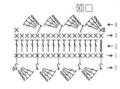

缘编织B

门襟、袖口

缘编织C

下摆

纽扣编织

纽扣放里面然后逐圈减针

中心花样E

4枚

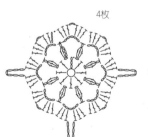

中心花样F

8枚

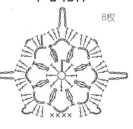

中心花样D

4枚

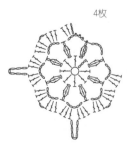

中心花样G

6枚

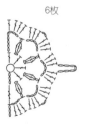

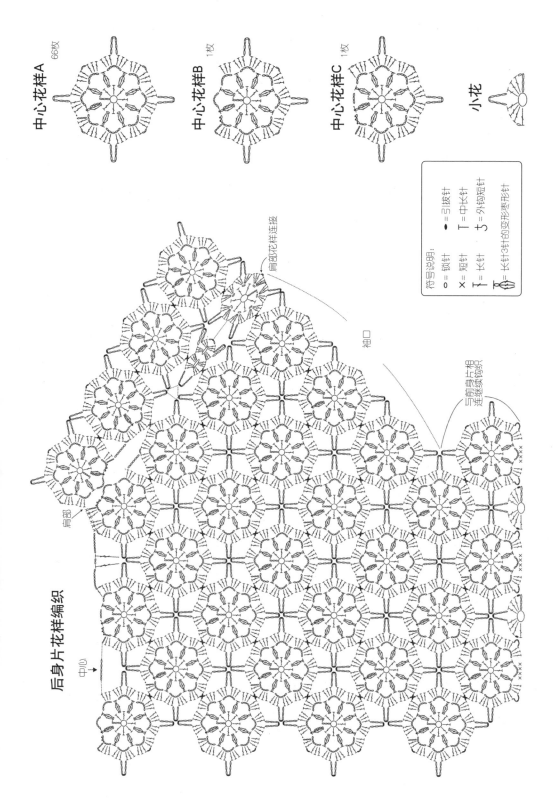

中心花样A 66枚

中心花样B 1枚

中心花样C 1枚

小花

符号说明：
o=锁针　　・=引拔针
×=短针　　T=中长针
T=长针　　ʒ=外钩短针
ʃ=长针3针的变形枣形针

肩部花样连接

袖口

与前身片相连继续钩织

肩部

后身片花样编织

中心

(32) 蓝雏菊长袖外套

材料：中粗棉麻线680g　　　成品尺寸：衣长55cm、胸围96cm、肩袖长50cm

工具：2.2mm钩针　　　　　编织密度：参照花样编织图

编织要点

按照图解，先钩出中心花样A、B、C、D、E、F的各种花形，再按照花样拼接示意图，把花的位置安排好。另外钩织小花，边钩边填充，最后，缘编织钩边。结束。

款式图

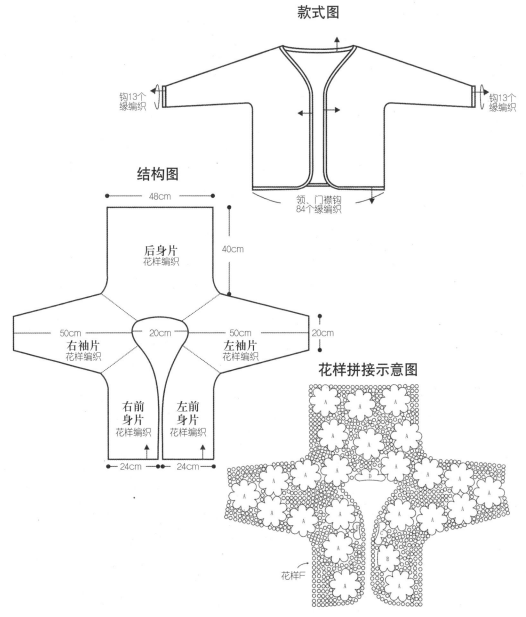

钩13个
缘编织

钩13个
缘编织

领、门襟钩
84个缘编织

结构图

48cm

后身片
花样编织

40cm

50cm　　20cm　　50cm　　20cm

右袖片
花样编织

左袖片
花样编织

右前身片
花样编织

左前身片
花样编织

24cm　　24cm

花样拼接示意图

花样F

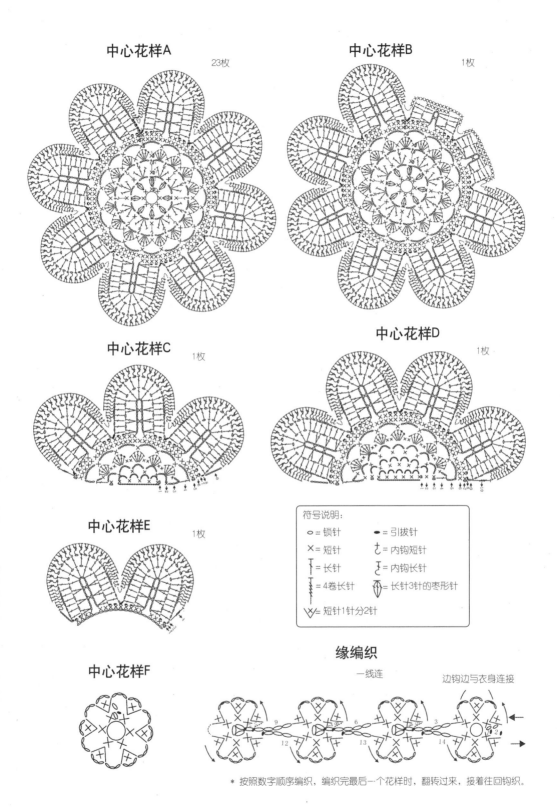

中心花样A　23枚

中心花样B　1枚

中心花样C　1枚

中心花样D　1枚

中心花样E　1枚

符号说明：

○ = 锁针　　　● = 引拔针

× = 短针　　　ㄥ = 内钩短针

↑ = 长针　　　ㄣ = 内钩长针

↑ = 4卷长针　　◇ = 长针3针的枣形针

∨ = 短针1针分2针

中心花样F

缘编织

一线连

边钩边与衣身连接

9　6　3

12　13　14

* 按照数字顺序编织，编织完最后一个花样时，翻转过来，接着往回钩织。

�33 密织条纹短外套

材料：宝宝混纺细线400g　　　成品尺寸：衣长33cm、胸围70cm、肩袖长12cm

工具：2.0mm钩针　　　　　　编织密度：花样编织 15行×19针/10cm

编织要点

从领口起针，起76针往下织，按照图解，逐渐加针钩完育克部分，腋下两边各加6针，往返编织31行，最后钩边结束。

结构图

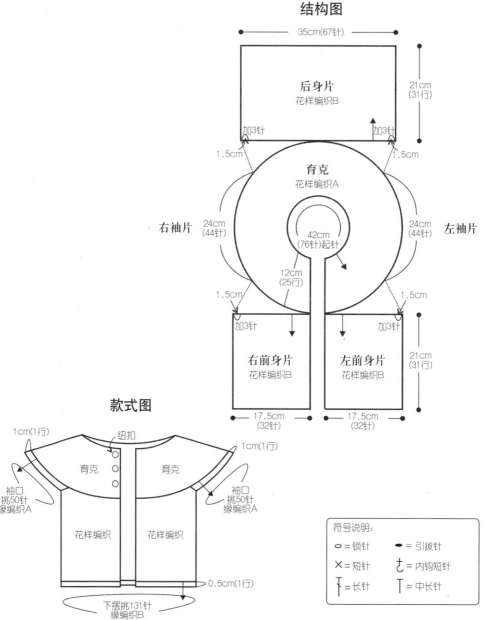

后身片
花样编织B

35cm(67针)

21cm
(31行)

加3针　　加3针

1.5cm　　　　　　　　1.5cm

育克
花样编织A

右袖片　　24cm
(44针)

42cm
(76针)起针

左袖片　　24cm
(44针)

12cm
(25行)

1.5cm　　　　　　　　1.5cm

加3针　　加3针

右前身片
花样编织B

左前身片
花样编织B

21cm
(31行)

17.5cm
(32针)

17.5cm
(32针)

款式图

1cm(1行)

纽扣

1cm(1行)

育克　　育克

袖口
挑50针
缘编织A

袖口
挑50针
缘编织A

花样编织　　花样编织

0.5cm(1行)

下摆挑131针
缘编织B

符号说明：

○ = 锁针　　● = 引拔针

✕ = 短针　　� = 内钩短针

T = 长针　　T = 中长针

花样编织A

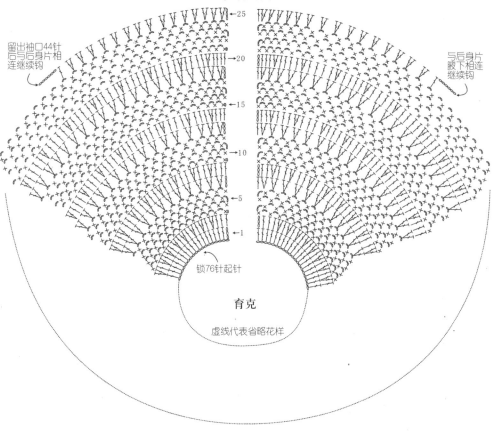

留出袖口44针后与后身片相连继续钩

与后身片腋下相连继续钩

←25

←20

←15

←10

←5

←1

锁76针起针

育克

虚线代表省略花样

缘编织A

袖口

←1

腋下加6针

育克最后一圈

缘编织B

下摆

←1

最后一圈

花样编织B

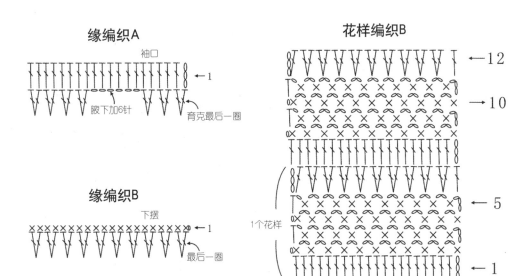

←12

→10

←5

←1

1个花样

(34) 淡蓝无袖开衫

材料: 宝宝细棉线300g   成品尺寸: 衣长33cm、胸围78m
工具: 2.0mm钩针   编织密度: 30针×14行/10cm

(编织要点)

从领口锁216针起针, 后身片和两个袖片各54针, 左右前身片各27针, 每行在径的两边各加1针。育克部分在编织10行后开袖窿, 腋下加26针锁针连接前、后身片, 继续再往下编织23行。结束。

结构图

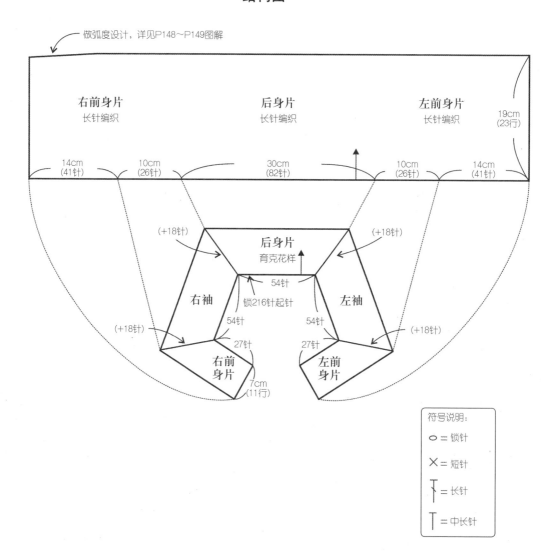

做弧度设计, 详见P148～P149图解

右前身片		后身片		左前身片	
长针编织		长针编织		长针编织	19cm(23行)

14cm (41针)   10cm (26针)   30cm (82针)   10cm (26针)   14cm (41针)

(+18针)   后身片 育克花样   (+18针)

右袖   54针   左袖

锁216针起针

(+18针)   54针   54针   (+18针)

27针   27针

右前身片   左前身片

7cm (11行)

符号说明:

○ = 锁针

× = 短针

┬ = 长针

┬ = 中长针

148

身片花样编织

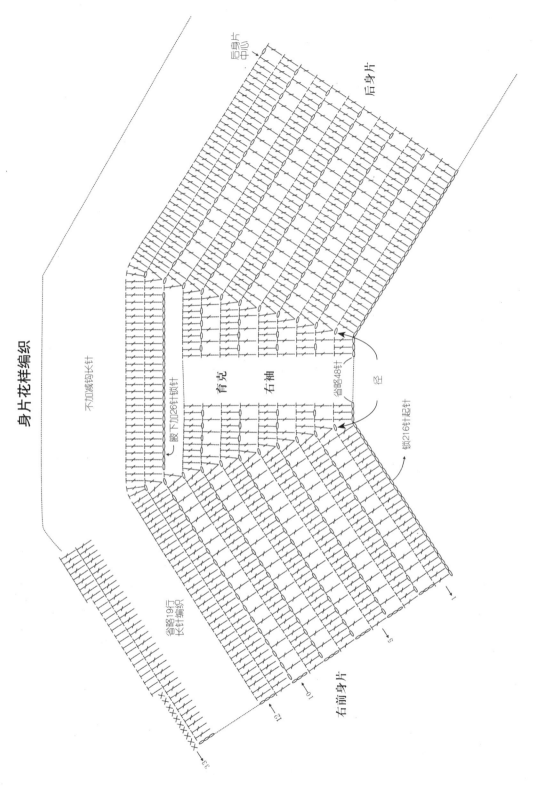

不加减钩长针

后身片 中心

后身片

腋下加26针锁针

育克

右袖

省略48针

径

锁216针起针

省略19行
长针编织

右前身片

㉟ V领花朵短外搭

材料：马海毛混纺线450g　　　成品尺寸：衣长35cm、胸围74cm、肩袖长23cm
工具：2.2mm钩针　　　　　　编织密度：中心花样 直径10cm

编织要点

后身片由13个中心花样组成，左、右前身片各由5个中心花样组成。中心花样钩好后，使下摆处相连，一起钩8行花样，袖口钩3行花样，门襟钩2行花样，最后钩1圈缘编织。结束。

结构图

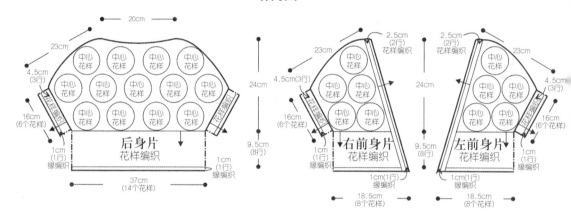

款式图　　　　　　　　　　中心花样

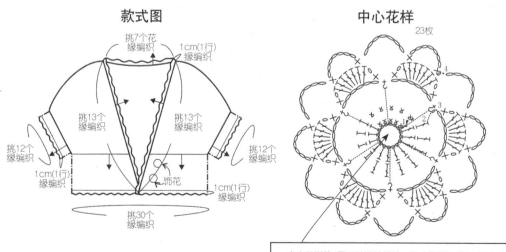

* 中心花样第1圈16针锁针起针，挑内侧线钩1圈，钩完断线，另线挑第一圈针的外侧线钩第2圈。

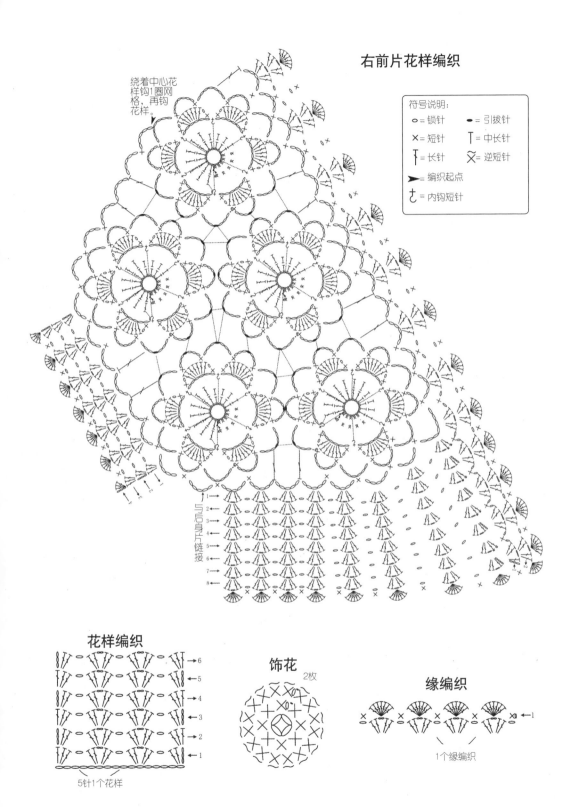

右前片花样编织

绕着中心花样钩1圈网格，再钩花样。

符号说明：
○=锁针　●=引拔针
×=短针　T=中长针
T=长针　⋈=逆短针
▶=编织起点
ℓ=内钩短针

与后身片链接

花样编织

5针1个花样

饰花
2枚

缘编织

1个缘编织

36 绿色荷叶袖罩衣

材料：8号蕾丝细线500g
工具：1.75mm钩针

成品尺寸：衣长44cm、胸围66cm、袖长38cm
编织密度：花样编织A 17cm×16.5cm/花样
花样编织B 7cm×20cm/花样

编织要点

整件衣服从上往下钩，具体编织方法参照P152~P153图解。

结构图

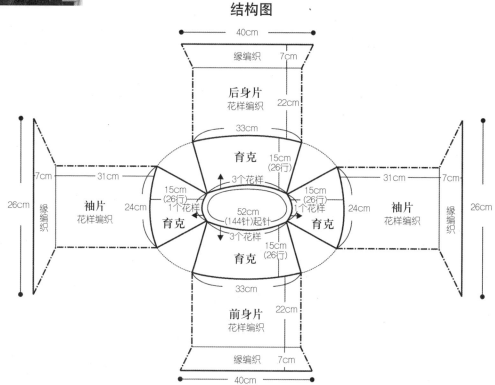

款式图

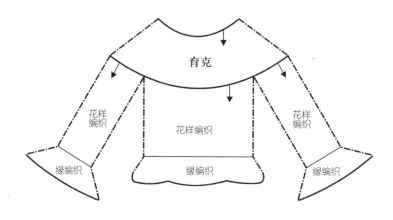

符号说明：
○= 锁针
X= 短针
┬= 长针
┬= 中长针
•= 引拔针
⋃= 狗牙拉针

后身片花样编织

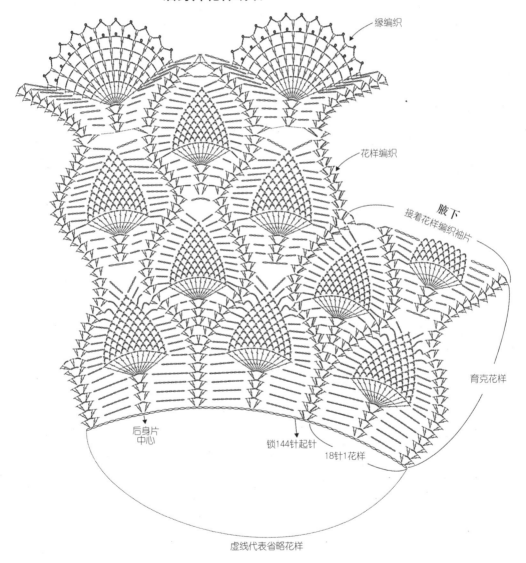

缘编织

花样编织

腋下

接着花样编织袖片

育克花样

后身片
中心

锁144针起针

18针1花样

虚线代表省略花样

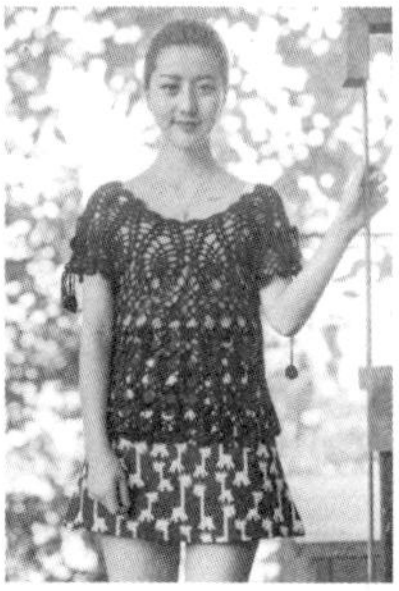

37 黑色球球镂空罩衣

材料：8号蕾丝细线400g　　成品尺寸：衣长39cm、胸围74cm、袖长16cm

工具：1.75mm钩针　　编织密度：参考花样编织图

编织要点

网格起针起32个网格，分片编织，向上编织花样A到合适长度(编织方法看图解)，再从起针处向下编织花样B，到合适长度后缘编织钩边，袖片穿上袖口系带。完成。

结构图

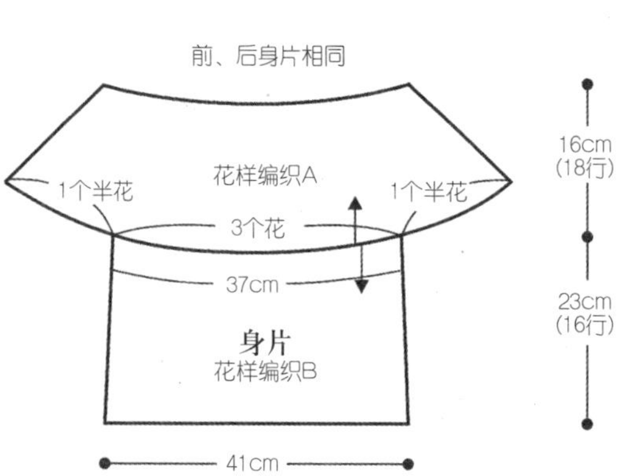

前、后身片相同
花样编织A
1个半花
1个半花
3个花
37cm
身片
花样编织B
41cm
16cm
(18行)
23cm
(16行)

款式图

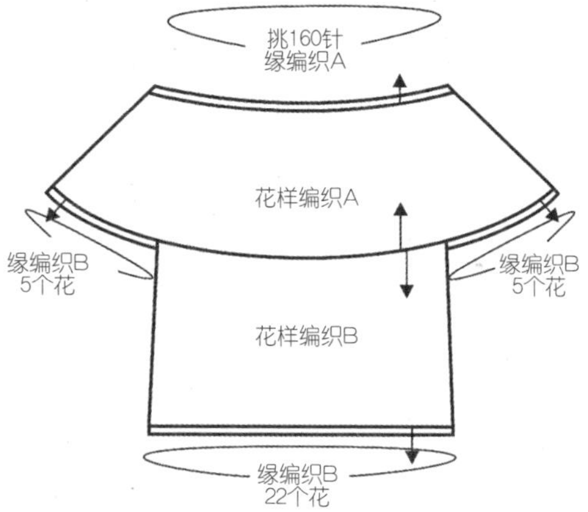

挑160针
缘编织A
花样编织A
缘编织B
5个花
缘编织B
5个花
花样编织B
缘编织B
22个花

袖口系带

4根

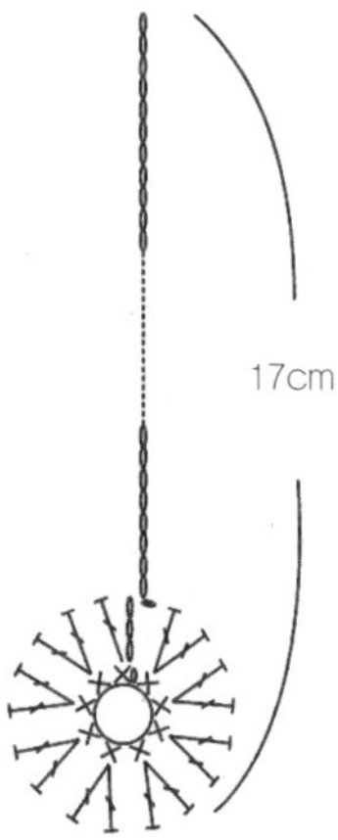

17cm

缘编织A

领

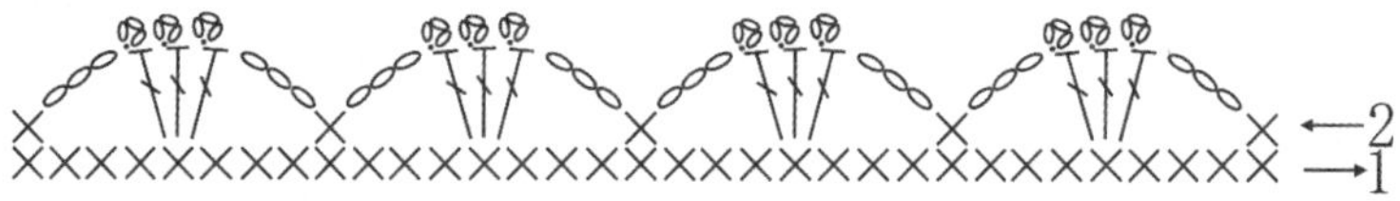

2
1

缘编织B

袖口、下摆

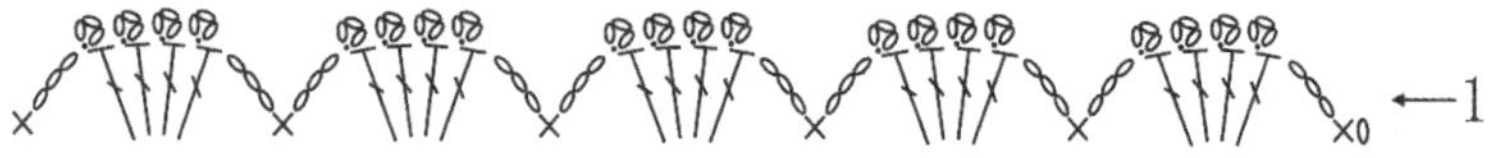

1

前身片花样编织

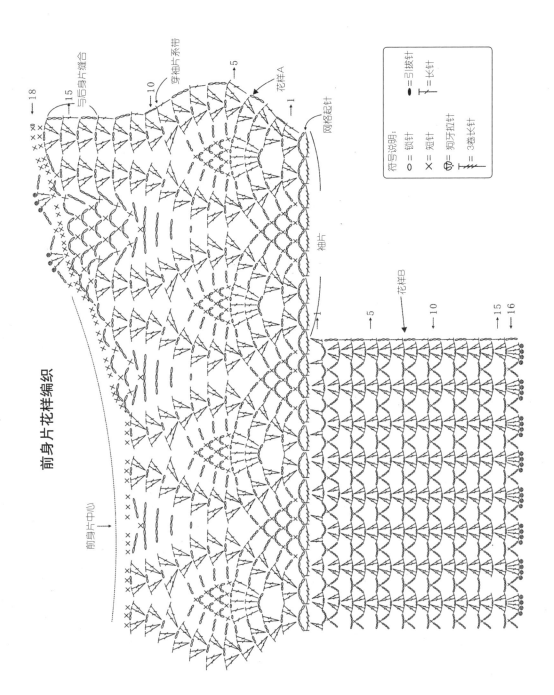

前身片中心

与后身片缝合

18
×0
15
10
穿袖片系带
5
花样A
1
网格起针
袖片

花样B
5
10
15
16

袖片

㊳ 琵琶流苏短外搭

材料：8号蕾丝细线380g　　　成品尺寸：衣长37cm、肩袖长20cm、胸围84cm
工具：1.75mm钩针　　　　　编织密度：参考花样编织图

编织要点

从后片中心的中心花样开始钩织，先单独钩好中心花样，再从中心花样两边钩出长针花样，前片同后片的钩法，下摆处减针做弧度，最后钩边。结束。

结构图

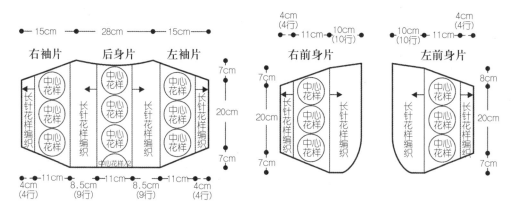

款式图

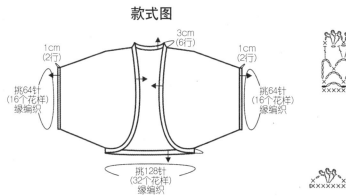

缘编织A

领、门襟、下摆

缘编织B

袖口

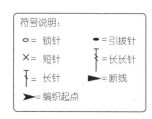

中心花样

小花

符号说明：
○= 锁针　　　•= 引拔针
×= 短针　　　长长针
长针　　　►= 断线

►=编织起点

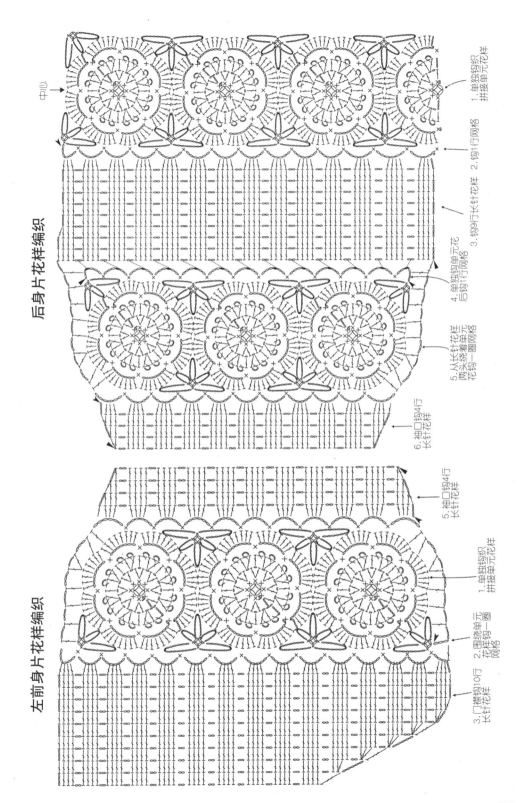

后身片花样编织

中心

左前身片花样编织

1. 单独钩织
拼接单元花样

2. 钩1行网格

3. 钩9行长针花样

4. 单独钩单元花
后钩1行网格

5. 从长针花样
两头绕着单元
花钩一圈网格

6. 袖口钩4行
长针花样

5. 袖口钩4行
长针花样

1. 单独钩织单元
拼接单元花样

2. 围绕单元
花样钩一圈
网格

3. 门襟钩10行
长针花样

157

钩 针 编 织 符 号 图 解

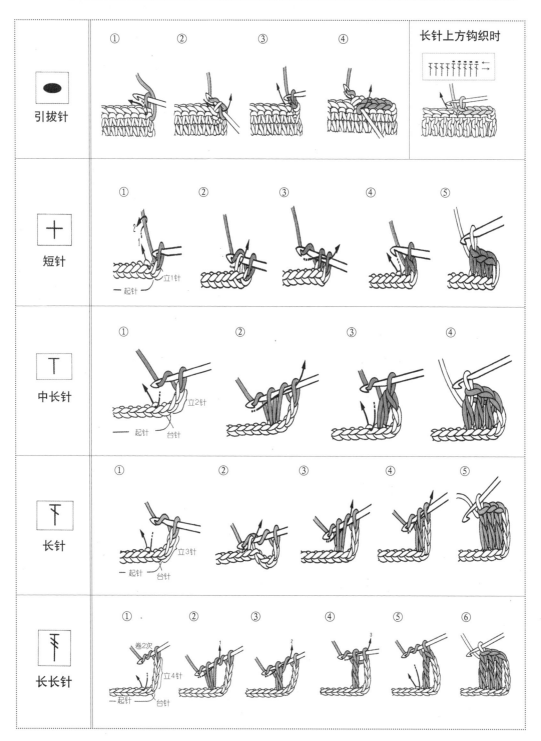

引拔针	①②③④	长针上方钩织时
短针	①②③④⑤ 立1针 起针	
中长针	①②③④ 立2针 起针 台针	
长针	①②③④⑤ 立3针 起针 台针	
长长针	①②③④⑤⑥ 卷2次 立4针 起针 台针	

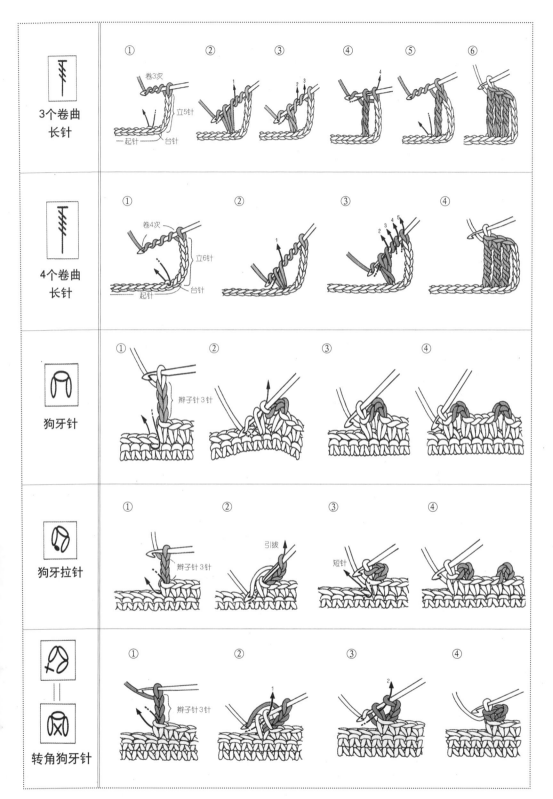

3个卷曲
长针

4个卷曲
长针

狗牙针

狗牙拉针

转角狗牙针

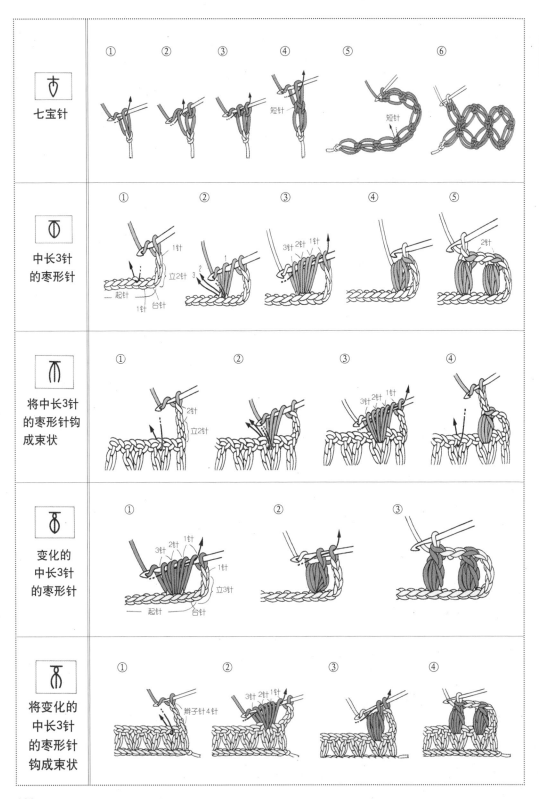

七宝针	
中长3针的枣形针	
将中长3针的枣形针钩成束状	
变化的中长3针的枣形针	
将变化的中长3针的枣形针钩成束状	